企事业单位员工食堂管理培训教材

李忠厚◎编著

QISHIYEDANWEI
YUANGONGSHITANGGUANLI
PEIXUNJIAOCAI

机械工业出版社
CHINA MACHINE PRESS

本书依据《中华人民共和国食品安全法》、《餐饮业和集体用餐配送单位卫生规范》并参照企事业单位员工食堂比较通行的各项规章制度编写而成。主要内容包括：企事业单位员工食堂开办概述；食堂日常管理与各岗位职责；食品安全管理；食堂安全管理；食堂成本与财务报表；食堂日常食谱及简易快餐；食堂常用主食的制作与价格；食品营养与食品健康。书末还配有复习试卷供考核使用。

本书可作为企事业单位员工食堂工作人员的培训用书，也可供相关管理人员参考使用。

图书在版编目（CIP）数据

企事业单位员工食堂管理培训教材/李忠厚编著. —北京：机械工业出版社，2013.3（2024.5重印）
ISBN 978-7-111-41537-4

Ⅰ.①企…　Ⅱ.①李…　Ⅲ.①企业管理-公共食堂-管理-中国-教材②行政事业单位-公共食堂-管理-中国-教材　Ⅳ.①TS972.3

中国版本图书馆 CIP 数据核字（2013）第 031286 号

机械工业出版社（北京市百万庄大街 22 号　邮政编码 100037）
策划编辑：陈玉芝　责任编辑：陈玉芝
版式设计：霍永明　责任校对：薛　娜
责任印制：张　博
北京建宏印刷有限公司印刷
2024 年 5 月第 1 版第 10 次印刷
184mm×260mm·9.25 印张·162 千字
标准书号：ISBN 978-7-111-41537-4
定价：38.00 元

电话服务　　　　　　　　　网络服务
客服电话：010-88361066　　机　工　官　网：www.cmpbook.com
　　　　　010-88379833　　机　工　官　博：weibo.com/cmp1952
　　　　　010-68326294　　金　书　网：www.golden-book.com
封底无防伪标均为盗版　机工教育服务网：www.cmpedu.com

序

　　企事业单位员工食堂担负着为所在单位员工提供后勤伙食保障的任务，一日三餐，每餐都直接关系到广大员工的身体健康，关系到员工队伍的稳定、企业的和谐发展。做好企事业单位员工食堂工作，规范员工食堂管理，提高员工食堂服务能力，为广大员工提供安全、卫生、营养、方便、快捷、美味、可口的伙食，是企事业员工食堂管理者的根本职责。

　　本书作者从 20 世纪 70 年代末开始从事企事业单位员工食堂炊事和管理工作，三十多年来，一直在这个光荣的服务岗位上工作，有着丰富的实践经验，积累了大量的企事业单位员工食堂炊事和管理方面的素材。在经过认真的思考和准备之后，针对企事业单位员工食堂在日常管理工作中所面对的问题和解决的办法编写了本书，以供从事企事业单位员工食堂管理工作的朋友参考和借鉴。

　　此书的出版，填补了市场上企事业单位员工食堂管理培训教材的空白。希望以此促进企事业单位员工食堂的管理者和食品加工者自觉遵守食品安全法律法规，掌握食品安全和食堂安全的关键点、知识点，从而更好地以人为本，管好食堂，为员工提供安全、营养、美味、健康、便捷的伙食，使我们的企事业单位员工食堂越办越好。

张剑峰

前言

　　随着我国经济的快速发展，企事业单位员工食堂的数量和就餐人数呈现明显增长态势。企事业单位员工食堂是职工用餐的主要场所，食堂的卫生安全、食品的营养配餐等直接关系到职工的饮食安全和身心健康，关系到社会的和谐发展与稳定，所以管理好企事业单位员工食堂至关重要。纵观图书市场，还没有一本专门针对企事业单位员工食堂管理的图书，为企事业员工食堂的日常管理和运行提供指导。为此，编者总结自己从事企事业单位员工食堂炊事和管理工作多年来所积累的经验，结合企事业单位员工食堂管理工作的实际编写了本书。

　　本书是依据《中华人民共和国食品安全法》、《餐饮业和集体用餐配送单位卫生规范》，参照企事业单位比较通行的各项规章制度，在认真总结实践经验的基础上编写的，是企事业单位员工食堂的实用管理用书。本书结合实际讲述了企事业单位员工食堂开办、食堂日常管理与各岗位职责、食品安全管理、食堂安全管理、食堂成本与财务报表、食堂日常食谱及简易快餐、食堂常用主食的制作与价格、食品营养与食品健康等内容，为便于培训，书后还附有部分复习试卷。

　　在这里要特别感谢张剑峰先生、杜学飞先生、刘伟先生、吴超英女士以及北京市公共交通控股（集团）有限公司机关食堂的同仁们的大力支持和无私帮助。同时，本书部分章节中的营养学知识和观点论据等来自诸多食品营养学资料，在这里对这些资料的作者也一并表示感谢。

　　编者才疏学浅，所写内容只是抛砖引玉，有不妥之处，敬请批评指正。

编　者

目录

序

前言

第一章　企事业单位员工食堂开办概述 …………… 1

第一节　拟定计划与筹备选址 ……………… 1

一、拟定计划 ………………………………… 1

二、筹备选址 ………………………………… 2

三、生产加工场所布局 ……………………… 2

第二节　申请、报批与设备人员的配置 ……… 5

一、提出申请 ………………………………… 5

二、购置设备 ………………………………… 6

三、配置人员 ………………………………… 10

四、报批取证（申请领取餐饮服务许可证）………… 10

第二章　企事业单位员工食堂日常管理与各
　　　　　岗位职责 ………………………… 12

第一节　食堂员工工作制度 ………………… 12

一、政治业务学习方面 ……………………… 12

二、劳动生产方面 …………………………… 12

三、劳动纪律方面 …………………………… 13

四、窗口服务方面 …………………………… 13

五、从业卫生方面 …………………………… 13

六、安全生产方面 …………………………… 14

七、宿舍管理方面 …………………………… 15

八、员工相处方面 …………………………… 15

范例1　×××公司机关食堂劳动考勤细化办法 …… 15

V

第二节　食堂各岗位职责及考核标准 ……………………………… 16

　　一、食堂管理员（行政食堂主管） …………………………… 16

　　二、厨师长（班长） …………………………………………… 18

　　三、副班长 ……………………………………………………… 19

　　四、当班组长 …………………………………………………… 19

　　五、A 岗厨师 …………………………………………………… 20

　　六、B 岗厨师 …………………………………………………… 21

　　七、C 岗厨师 …………………………………………………… 22

　　八、采购进货员 ………………………………………………… 23

　　九、库房管理员 ………………………………………………… 24

　　十、食堂会计 …………………………………………………… 25

第三章　企事业单位员工食品安全管理 ………………………… **26**

第一节　食堂各工位工作程序及食品安全关键控制点 …………… 26

　　一、采购进货 …………………………………………………… 26

　　二、库房管理 …………………………………………………… 27

　　三、冷荤制作 …………………………………………………… 29

　　四、粗加工 ……………………………………………………… 30

　　五、烹调加工 …………………………………………………… 32

　　六、主食制作 …………………………………………………… 33

　　七、成品售卖 …………………………………………………… 34

　　八、剩余食品再加热处理 ……………………………………… 35

　　九、餐具清洗 …………………………………………………… 36

　　十、食堂员工卫生 ……………………………………………… 37

　　十一、餐厅卫生 ………………………………………………… 38

第二节　灭鼠、灭蟑、灭蝇及卫生责任区划分 …………………… 39

　　一、灭鼠、灭蟑、灭蝇制度及安全操作规范 ………………… 39

　　二、卫生责任区的划分 ………………………………………… 40

第四章　企事业单位员工食堂安全管理 ………………………… **41**

第一节　食堂机械设备安全 ………………………………………… 41

　　一、机械设备的组成 …………………………………………… 41

二、食堂机械设备的五个最危险 ……………………………………… 42

三、安全技术措施的分类 ……………………………………… 42

四、机械伤害预防对策 ……………………………………… 42

五、食堂机械设备的安全操作规程 ……………………………………… 43

第二节 食堂用电安全 ……………………………………… 49

一、相关知识 ……………………………………… 49

二、安全用电原则及注意事项 ……………………………………… 49

第三节 食堂燃气安全 ……………………………………… 50

第四节 食堂治安及消防安全 ……………………………………… 50

第五节 事故处理与管理 ……………………………………… 51

一、事故的报告 ……………………………………… 51

二、事故处理的原则 ……………………………………… 51

三、安全检查 ……………………………………… 51

范例 2 食堂安全预防突发预案 ……………………………………… 53

范例 3 食堂安全责任书 ……………………………………… 54

第五章 企事业单位员工食堂成本与财务报表 ……………… **56**

第一节 食堂成本核算 ……………………………………… 56

第二节 食堂食品定价 ……………………………………… 57

一、食品定价的基本原则 ……………………………………… 57

二、食品定价的基本方法 ……………………………………… 58

第三节 食堂财务报表 ……………………………………… 59

第六章 企事业单位员工食堂日常食谱及简易快餐 ………… **62**

第一节 食堂常用菜谱分类 ……………………………………… 62

一、猪肉类 ……………………………………… 62

二、禽肉类 ……………………………………… 63

三、牛肉类 ……………………………………… 63

四、羊肉类 ……………………………………… 63

五、水产类 ……………………………………… 63

六、豆腐类 ……………………………………… 64

七、蔬菜类 ……………………………………… 64

八、鸡蛋类 ………………………………………………… 66

九、其他类 ………………………………………………… 66

第二节 食堂每周菜谱推荐 ………………………………… 67

第三节 简易实用快餐的品种及制作 ……………………… 83

一、牛肉饸饹面 …………………………………………… 83

二、卤肉盖饭 ……………………………………………… 83

三、炖菜盖饭 ……………………………………………… 84

四、饼馍夹肉 ……………………………………………… 84

五、包子、米粥 …………………………………………… 84

第七章 企事业单位员工食堂常用主食制作与价格 ………… 86

第一节 蒸炸类主食的制作与价格核算 …………………… 86

一、米饭 …………………………………………………… 87

二、馒头 …………………………………………………… 88

三、麻酱花卷 ……………………………………………… 89

四、豆包 …………………………………………………… 90

五、玉米面发糕 …………………………………………… 91

六、玉米面枣发糕 ………………………………………… 92

七、小肉包子 ……………………………………………… 93

八、白面蒸饼 ……………………………………………… 93

九、开花馒头 ……………………………………………… 95

十、果酱包 ………………………………………………… 95

十一、紫米面枣发糕 ……………………………………… 96

十二、奶黄包 ……………………………………………… 97

十三、白面发糕 …………………………………………… 98

十四、小枣豆沙包 ………………………………………… 98

十五、肉丁馒头 …………………………………………… 99

十六、大馅包子 …………………………………………… 100

十七、肉龙 ………………………………………………… 100

十八、鸡蛋韭菜素馅包子 ………………………………… 101

十九、紫米枣切糕 ………………………………………… 102

二十、炸油饼 ……………………………………………… 102

第二节　烙烤类主食制作与价格核算……………………………………… 103

一、芝麻烧饼……………………………………………………………… 103

二、家常肉饼……………………………………………………………… 104

三、肉末烧饼……………………………………………………………… 105

四、鸡蛋夹馍……………………………………………………………… 106

五、虎皮蛋糕……………………………………………………………… 107

六、肉夹馍………………………………………………………………… 108

七、烙饼…………………………………………………………………… 108

八、水煎包………………………………………………………………… 109

九、墩饽饽………………………………………………………………… 110

十、糖渣发面饼…………………………………………………………… 111

十一、椒盐发面饼………………………………………………………… 111

十二、麻酱酥……………………………………………………………… 112

十三、螺丝转……………………………………………………………… 113

第三节　炒煮类主食制作与价格核算……………………………………… 113

一、炒面…………………………………………………………………… 113

二、炒谷垒………………………………………………………………… 115

三、馄饨…………………………………………………………………… 116

四、棒渣南瓜粥…………………………………………………………… 117

五、机加工水饺…………………………………………………………… 117

六、豆腐脑………………………………………………………………… 118

七、炒饼…………………………………………………………………… 119

八、皮蛋瘦肉粥…………………………………………………………… 120

第八章　企事业单位员工食堂食品营养与食品健康 …………… **121**

第一节　减少营养损失的烹调方式………………………………………… 121

一、主食烹调……………………………………………………………… 121

二、副食烹调……………………………………………………………… 121

第二节　烹调方法十不宜…………………………………………………… 122

一、烧肉不宜过早放盐…………………………………………………… 122

二、油锅不宜烧得过旺…………………………………………………… 123

三、肉、骨烧煮不宜加冷水……………………………………………… 123

四、黄豆不宜未煮透 ·· 123

五、炒鸡蛋不宜放味精 ·· 123

六、酸碱食物不宜放味精 ·· 123

七、反复炸过的油不宜使用 ·· 123

八、冻肉不宜在高温下解冻 ·· 123

九、茄子不宜去皮 ·· 124

十、铝铁炊具不宜混合 ·· 124

第三节　蔬菜食疗口诀 ·· 124

复习试卷 ··· **125**

食品安全类试卷 ·· 125

食堂初级厨师食品加工、售卖安全考试试卷 ···························· 125

食堂中、高级厨师食品加工、售卖安全考试试卷 ························ 127

食堂采购员食品安全采购考试试卷 ···································· 129

食堂库房管理员安全管理考试试卷 ···································· 131

食品营养综合类试卷 ·· 133

机电安全类试卷 ·· 135

第一章

企事业单位员工食堂开办概述

随着我国社会主义现代化的飞速发展和以人为本的社会主义理念不断深入，越来越多的企事业单位为保证单位正常稳定和高效运行，都加大了对后勤食堂的投入与管理，使之能够真正为本单位员工服务，解决员工的后顾之忧，激发员工的劳动热情，为企业为社会创造更大的财富。然而，一个食堂的开办必须要符合国家的法律法规，符合单位的实际情况，符合食堂运行的基本要求。因此，食堂的成立与开办需要有六个环节，也可以说是六个流程，这六个流程依次为拟定计划、筹备选址、提出申请、购置设备、配置人员、报批取证。六个环节个个重要，缺一不可。以下分别介绍这六个环节。

第一节 拟定计划与筹备选址

一、拟定计划

食堂的设立，首先要有一个计划，要根据就餐人数确定食堂规模。一般食堂可分为大、中、小三类。一般就餐人数达 800 人以上的为大型食堂；100 ~ 800 人之间的为中型食堂；100 人以下的为小型食堂。食堂应分为食品处理区、非食品处理区和就餐场所等区域。一般就餐人数在 100 人以下的食堂，食品处理区面积应不小于 $30m^2$；100 人以上每增加 1 人增加 $0.3m^2$；1000 人以上超过部分每增加 1 人增加 $0.2m^2$。切配、烹调场所须占食品处理区总面积的 50% 以上。设有冷荤凉菜间的，其面积 100 人以下不得小于 $5m^2$，100 人以上应占食品处理区的 10%。食品处理区与就餐场所的面积之比应不小于 1:2。

二、筹备选址

食堂选址应遵循下列原则：

1）应选择地势干燥、有给排水条件和电力供应的地区。不得设在易受到污染的区域。

2）应距离粪坑、污水池、垃圾场（站）、旱厕等污染源 25m 以上，并应设置在粉尘、有害气体、放射性物质和其他扩散性污染源影响范围之外。

3）应同时符合规划、环保、消防的有关要求。

4）应就近设置，方便就餐。

三、生产加工场所布局

1. 生产加工场所的概念

生产加工场所指与加工经营直接或间接相关的场所，包括食品处理区、非食品处理区和就餐场所。

食品处理区：指食品的粗加工、切配、烹调和备餐场所、专间、食品库房、餐用具清洗消毒和保洁场所等区域，分为清洁操作区、准清洁操作区、一般操作区。

清洁操作区：指为防止食品被环境污染，对清洁要求较高的操作场所，包括专间、备餐场所。

专间：指处理或短时间存放直接入口食品的专用操作间，包括凉菜间、裱花间、备餐专间等。

备餐场所：指成品的整理、分装、分发、暂时置放的专用场所。

准清洁操作区：指清洁要求次于清洁操作区的操作场所，包括烹调场所、餐用具保洁场所。

烹调场所：指对经过粗加工、切配的原料或半成品进行煎、炒、炸、焖、煮、烤、烘、蒸及其他热加工处理的操作场所。

餐用具保洁场所：指对经清洗消毒后的餐饮具和接触直接入口食品的工具、容器进行存放并保持清洁的场所。

一般操作区：指其他处理食品和餐具的场所，包括粗加工操作场所、切配场所、餐用具清洗消毒场所和食品库房。

粗加工操作场所：指对食品原料进行挑拣、整理、解冻、清洗、剔除不可食用部分等加工处理的操作场所。

　　切配场所：指把经过粗加工的食品进行洗、切、称量、拼配等加工处理成为半成品的操作场所。

　　餐用具清洗消毒场所：指对餐饮具和接触直接入口食品的工具、容器进行清洗、消毒的操作场所。

　　食品库房：指专门用于贮藏、存放食品原料的场所。

　　非食品处理区：指办公室、厕所、更衣场所、非食品库房等非直接处理食品的区域。

　　就餐场所：指供消费者就餐的场所（餐厅）。

　　2. 生产加工场所的要求

　　1）加工场所建筑结构要坚固耐用、易于维修、易于保持清洁，应能避免有害动物的侵入和栖息。地面铺设的地砖应平整、防滑、无裂缝，有一定的排水坡度（不小于1.5%）；墙面贴浅色瓷砖；天花板的设计应易于清扫，能防止害虫隐匿和灰尘积聚，避免长霉或建筑材料脱落等情形的发生。

　　2）加工场所应合理布局，一般包括食品库房、粗加工区（间）、主食加工区（间）、副食加工区（间）、备餐间、售饭间以及盛放直接入口食品容器工具的洗刷消毒区域（间）等，有冷荤凉菜的，还要设置冷荤间等。

　　3）加工场所的另一含义即是食品处理区，食品处理区应设在室内，同时应按照原料进入、原料储存、原料处理、半成品加工、食品熟制、成品售卖等流程合理布局，食品加工处理流程应为生进熟出的单一流向，应防止在存放、操作中产生交叉污染。成品通道出口与原料通道入口，成品通道出口与使用后的餐饮具回收通道入口均应分开设置。

　　4）食品处理区应设置专用的粗加工、烹调和餐用具清洗消毒的场所。制作鲜榨果蔬汁和水果拼盘的，应设置相应的专用操作场所。进行凉菜配制、裱花操作和集体用餐配送单位食品分装操作的，应分别设置相应专间。集中备餐的食堂和快餐店应设备餐专间。

　　5）食品处理区内粗加工、切配、烹调、餐用具清洗消毒、餐用具保洁、清洁工具存放等应分别置于独立隔间场所。

　　6）烹调场所的食品加工如使用固体燃料，炉灶应为隔墙烧火的外扒灰式，避免粉尘污染食品。

　　7）拖把等清洁工具的存放场所应与食品处理区分开，面积500m^{2}以上的食堂宜设置独立隔间存放清洁工具。

　　8）企事业单位员工食堂设有更衣场所的，更衣场所与加工经营场所应处于同一建筑物内，宜为独立隔间，有适当的照明，并设有洗手设施。更衣场所应有足够大的空间，方便员工更衣。

9）加工间出入口应设洗手池。

3. 生产加工设施的具体要求

1）粗加工区（间）：需分设肉类、水产、蔬菜池至少3个，并标明洗菜池、洗肉池、洗水产池专用标志。

2）主食加工区、副食加工区（间）：按需求设立卫生容器、公用具洗刷水池至少1个。

3）洗刷消毒区（间）：用于盛放直接入口食品的容器工具的洗刷消毒。需设有大于所使用容器尺寸的洗刷消毒池至少3个（清洗、消毒、冲洗），并配备有刻度的消毒液配比容器、消毒柜和保洁柜。洗净消毒后的容器、餐具应保洁存放待用，并做好防尘防蝇工作。

4）备餐间：与其他生产加工场所之间隔开，独立密闭，售饭窗口用可开合的窗户密封。备餐间入口处设立二次更衣、洗手设施的通过式预进间，洗手设施采用非手动式水龙头。专间内安装空气消毒装置（紫外线灯）、空调设施（温度不高于25℃）、工具清洗消毒设施三联池（清洗、消毒、冲洗）。不同区域应设置专用低位墩布池。

4. 食品库房的要求

1）食品和非食品库房（杂品库）应分开设置。

2）同一库房内贮存不同性质食品和物品的应区分存放区域，不同区域应有明显的标志。食品库房应设置货架，食品分类、分架，主、副食分开存放并隔地离墙10cm以上，以利于空气流通及物品的搬运。

3）库房应有防止动物侵入的装置（如库房门口设防鼠板）。

4）库房应有良好的通风、防潮设施。

5）设有冷藏库房和冷冻库房的，要严格掌握相关温度，一般冷藏库房规定温度应为0~10℃之间，最佳温度应为4~6℃。冷冻温度应为-18℃以下。

5. 专间的要求（备餐间、凉菜间等）

1）专间应为独立隔间，专间入口处应设置有二次洗手、消毒、更衣设施的通过式预进间。

2）专间内应设有专用工具清洗消毒设施清洗消毒分餐用具。

3）专间内温度应不高于25℃，宜设有独立的空调设施。

4）专间内应设有空气消毒设施，以紫外线灯作为空气消毒装置的，紫外线灯应按功率不小于1.5W/m³设置，专间内紫外线灯应分布均匀，距离地面

2m 以内。

5）专间不得设置两个以上（含两个）的门，专间如有窗户应为封闭式（传递食品用的除外）。专间内外食品传送窗口应可开闭，宜设为进货和出货两个，大小宜以可通过传送食品的容器为准，并有明显标志。

6. 洗手消毒设施的要求

1）食品处理区内应设置足够数目的洗手设施，其位置应设置在方便从业人员的区域。

2）洗手消毒设施附近应设有相应的清洗、消毒用品和干手设施。

3）洗手池的材质应为不透水材料（包括不锈钢或陶瓷等），结构应不易积垢并易于清洗。

4）水龙头宜采用脚踏式、肘动式或感应式等非手动式开关或可自动关闭的开关。

5）就餐场所（餐厅）应设有数量足够的供就餐者使用的专用洗手设施。

7. 餐用具清洗消毒和保洁设施的要求

1）餐用具宜用热力方法进行消毒，因材质、大小等原因无法采用的除外。

2）餐用具清洗消毒水池应为专用水池，与食品原料、清洁用具及接触非直接入口食品的工具、容器清洗水池分开。水池应使用不锈钢或陶瓷等不透水材料，不易积垢并易于清洗。采用化学消毒的，至少设有 3 个专用水池。各类水池应以明显标志标明其用途。

3）清洗消毒设备的大小和数量应能满足需要。

4）采用自动清洗消毒设备的，设备上应有温度显示和清洗消毒剂自动添加装置。

5）应设专供存放消毒后餐用具的保洁设施，其结构应密闭并易于清洁。

第二节　申请、报批与设备人员的配置

一、提出申请

食堂选址确定之后，要报上级主管部门审批。审批文件材料应包括：申办食堂理由，申办食堂规模及平面图，行业标准依据，申办食堂预算以及建筑施工相关材料等。

二、购置设备

食堂设备购置首先应考虑就餐人数及场地和食品处理区场地面积等，必要的炊事机械和厨房设备是搞好食堂伙食的必备条件之一。通过炊事机械和厨房设备的加工制作，能够更好地体现食品的营养、价值和感官。食堂对炊事机械和厨房设备的有效利用，还能降低食堂炊事人员的劳动强度，提高工作效率，保证伙食质量。因此，配置必要的炊事机械和厨房设备是食堂开办的重要组成部分。当然，也要根据实际需要、按照客观需求，不可盲目购置，避免不必要的损失和浪费。表1-1 ~ 表1-5提供了不同规模食堂的设备清单。

表1-1　100 ~ 200 人食堂设备清单（部分主要设备）

序号	名　　称	型　　号	规格/cm	功　率	产　　地	数量
1	直径800大锅灶		1100 × 1250 × 800		北京金泰方园	1台
2	三眼中餐灶		1800 × 1000 × 800		北京金泰方园	1台
3	全钢电蒸饭车	50型7盘	760 × 600 × 1100	380V9kW	山东兴都	1台
4	电饼铛	YXD35C-2	800 × 650 × 775	380V5kW	山东兴都	1台
5	电开水器连坐	DZK6-50	490 × 370 × 750	380V6kW	山东兴都	1套
6	和面机	HWY-12.5	660 × 440 × 820	220V1.1kW	河北香河	1台
7	轧面机	MT40-Ⅰ	950 × 450 × 1050	220V1.1kW	河北香河	1台
8	木案工作台		1200 × 600 × 800		北京金泰方园	1台
9	三槽水池		1800 × 600 × 80		北京金泰方园	1台
10	单开工作柜		1500 × 750 × 800		北京金泰方园	1台
11	碗柜		1200 × 500 × 1800		北京金泰方园	1台
12	四门双温冰箱	QB1.0L4S	1230 × 760 × 1920	220V392W	杭州五箭	1台
13	绞肉机	TJ22A	400 × 240 × 450	380V750W	广东恒联	1台
14	消毒柜	YTE380A2	570 × 480 × 1560	220V900W	广东亿高	1台
15	排烟系统		现场定制			

注：带冷荤凉菜项目的须按冷荤间规定达到专人、专室、专工具、专消毒、专冷藏等配置。具体应为冰箱一台，专用洗手池一个，清洗、消毒、冲洗水池各一个，专用工作台等。同时，应具备二次更衣条件。其他餐、厨用具用户可根据需求自行配制。

表1-2 200～350人食堂设备清单（部分主要设备）

序号	名　　称	型　号	规格/cm	功　率	产　地	数量
1	直径800大锅灶		1100×1250×800		北京金泰方园	2台
2	三眼中餐灶		1800×1000×800		北京金泰方园	1台
3	全钢电蒸饭车	100型10盘	800×600×1450	380V12kW	山东兴都	1台
4	电饼铛	YXD35C-2	800×650×775	380V5kW	山东兴都	1台
5	电开水器连坐	DZK9-100	530×400×1300	380V9kW	山东兴都	1套
6	和面机	HWY-25	850×520×850	220V1.5kW	河北香河	1台
7	轧面机	MT40-I	950×450×1050	220V1.1kW	河北香河	1台
8	木案工作台		1200×600×800		北京金泰方园	1台
9	三槽水池		1800×600×80		北京金泰方园	1台
10	单开工作柜		1500×750×800		北京金泰方园	1台
11	碗柜		1200×500×1800		北京金泰方园	1台
12	四门双温冰箱	QB1.0L4S	1230×760×1920	220V392W	杭州五箭	1台
13	绞肉机	TJ22A	400×240×450	380V750W	广东恒联	1台
14	消毒柜	YTE380A-2	570×480×1560	220V900W	广东亿高	1台
15	排烟系统		现场定制			

注：带冷荤凉菜项目的须按冷荤间规定达到专人、专室、专工具、专消毒、专冷藏等配置。具体应为冰箱一台，专用洗手池一个，清洗、消毒、冲洗池各一个，专用工作台等。同时，应具备二次更衣条件。其他餐、厨用具用户可根据需求自行配制。

表1-3 350～550人食堂设备清单（部分主要设备）

序号	名　　称	型　号	规格/cm	功　率	产　地	数量
1	直径1m大锅灶		1250×1370×800		北京金泰方园	2台
2	三眼中餐灶		1800×1000×800		北京金泰方园	1台
3	全钢电蒸饭车	100型10盘	800×600×1450	380V12kW	山东兴都	1台
4	电饼铛	YXD35C-2	800×650×775	380V5kW	山东兴都	2台
5	电开水器连坐	DZK9-150	530×400×1300	380V12kW	山东兴都	1套
6	和面机	HWY-50	1080×600×1035	220V2.2kW	河北香河	1台
7	轧面机	MT60	1190×600×1480	220V2.0kW	河北香河	1台

（续）

序号	名　称	型　号	规格/cm	功率	产　地	数量
8	木案工作台		1200×600×800		北京金泰方园	1台
9	三槽水池		1800×600×80		北京金泰方园	1台
10	双槽水池		1200×600×800		北京金泰方园	1台
11	单开工作柜		1500×750×800		北京金泰方园	1台
12	碗柜		1200×500×1800		北京金泰方园	1台
13	四门双温冰箱	QB1.0L4S	1230×760×1920	220V392W	杭州五箭	1台
14	消毒柜	YTE380A-2	570×480×1560	220V900W	广东亿高	1台
15	绞肉机	TJ12H	400×190×410	220V650W	广东恒联	1台
16	排烟系统		现场定制			

注：带冷荤凉菜项目的须按冷荤间规定达到专人、专室、专工具、专消毒、专冷藏等配置。具体应为冰箱一台，专用洗手池一个，清洗、消毒、冲洗水池各一个，专用工作台等。同时，应具备二次更衣条件。其他餐、厨用具用户可根据需求自行配制。

表1-4　550~800人食堂设备清单（部分主要设备）

序号	名　称	型　号	规格/cm	功率	产　地	数量
1	直径1m大锅灶		1250×1370×800		北京金泰方园	3台
2	三眼中餐灶		1800×1000×800		北京金泰方园	2台
3	全钢电蒸饭车	200型24盘	1260×750×1530	380V24kW	山东兴都	1台
4	电饼铛	YXD35C-2	800×650×775	380V5kW	山东兴都	3台
5	电开水器连坐	DZK15-200	530×400×1300	380V15kW	山东兴都	1套
6	和面机	HWY-50	1080×600×1035	220V2.2kW	河北香河	1台
7	轧面机	MT60	1190×600×1480	220V2.0kW	河北香河	1台
8	木案工作台		1200×600×800		北京金泰方园	1台
9	馒头机	MJ-180	650×600×1010	380V1.5kW	河北香河	1台
10	菜馅机	SC-240	620×300×600	220V750W	河北香河	1台
11	三槽水池		1800×600×80		北京金泰方园	1台
12	双槽水池		1200×600×800		北京金泰方园	1台
13	双槽水池		1500×750×800		北京金泰方园	1台

（续）

序号	名　　称	型　　号	规格/cm	功　率	产　地	数量
14	单开工作柜		1500×750×800		北京金泰方园	1台
15	碗柜		1200×500×1800		北京金泰方园	1台
16	六门双温冰箱	QB1.50L6S	1880×740×1920	220V458W	杭州五箭	2台
17	消毒柜	YTE380A-2	570×480×1560	220V900W	广东亿高	2台
18	绞肉机	TJ22A	400×240×450	380V750W	广东恒联	1台
19	冷藏冷冻库房		现场定制			
20	排烟系统		现场定制			

注：带冷荤凉菜项目的须按冷荤间规定达到专人、专室、专工具、专消毒、专冷藏等配置。具体应为冰箱一台，专用洗手池一个，清洗、消毒、冲洗水池各一个，专用工作台等。同时，应具备二次更衣条件。其他餐、厨用具用户可根据需求自行配制。

表 1-5　800~1000 人食堂设备清单（部分主要设备）

序号	名　　称	型　　号	规格/cm	功　率	产　地	数量
1	直径1m大锅灶		1250×1370×800		北京金泰方园	4台
2	三眼中餐灶		1800×1000×800		北京金泰方园	2台
3	双眼低汤灶		1200×700×500		北京金泰方园	1台
4	全钢电蒸饭车	200型24盘	1260×750×1530	380V24kW	山东兴都	2台
5	电饼铛	YXD35C-2	800×650×775	380V5kW	山东兴都	4台
6	电开水器连坐	DZK15-200	530×400×1300	380V15kW	山东兴都	1套
7	和面机	HWY-25	900×600×955	220V2.2kW	河北香河	1台
8	和面机	HWY-100	1260×720×1400	220V4.75kW	河北香河	1台
9	轧面机	MT60	1190×600×1480	220V2.0kW	河北香河	1台
10	木案工作台		1200×600×800		北京金泰方园	1台
11	馒头机	MJ-180	650×600×1010	380V1.5kW	河北香河	1台
12	菜馅机	SC-240	620×300×600	220V750W	河北香河	1台
13	三槽水池		1800×600×80		北京金泰方园	3台
14	双槽水池		1200×600×800		北京金泰方园	2台
15	双槽水池		1500×750×800		北京金泰方园	1台

（续）

序号	名　称	型　号	规格/cm	功　率	产　地	数量
16	单开工作柜		1500×750×800		北京金泰方园	6 台
17	碗柜		1200×500×1800		北京金泰方园	8 台
18	六门双温冰箱	QB1.50L6S	1880×740×1920	220V458W	杭州五箭	2 台
19	消毒柜	YTE380A-2	570×480×1560	220V900W	广东亿高	2 台
20	绞肉机	TC42	1080×610×1030	380V4W	广东恒联	1 台
21	冷藏冷冻库房		现场定制			
22	排烟系统		现场定制			

注：带冷荤凉菜项目的须按冷荤间规定达到专人、专室、专工具、专消毒、专冷藏等配置。同时，应具备二次更衣条件。其他餐、厨用具用户可根据需求自行配制。

三、配置人员

食堂人员的配置应根据就餐人数和供餐内容而定，按照行业通行标准和企业参考标准，一般职工食堂或只提供集体大锅菜等食品和集体自助用餐食品的，人员配置应为1:50。即50名就餐者配置1名炊事员。设有包桌包间和冷荤凉菜的可在上述基础上适当降低比例增加人员。采购员、库管员和财务人员应不包括在内（上述人员配置仅供参考）。人员配置齐全之后，单位要组织岗前培训，同时还要到属地卫生管理部门进行行业体检和法规培训并取得相应证书或证明。

四、报批取证（申请领取餐饮服务许可证）

1. 程序及办理时限

申请领表（准备所需材料）→提交相关图样（平面图）→卫生设计审查→提交餐饮服务许可证申请书及相关材料（材料齐全、符合规定或材料不齐、不符合规定补齐后）→受理→20个工作日内进行现场审查，经验收合格后→审定→10个工作日内发放餐饮服务许可证。

2. 提交材料

1）行政许可申请表（2份）。

2）企业名称预先核准通知书或营业执照复印件。

3）法定代表人或者负责人资格证明（董事会决议或任命文件、法定代表人身份证明复印件及业主身份证明材料）。

4）生产经营场所、场地的使用证明（房屋产权证明或开发商提供的五证——建设用地规划、建筑工程施工、商品房预售、国有土地使用、工程规划；租赁合同——与房产人相关的租赁合同）复印件。

5）生产经营场所、场地平面布局图（2份，比例不小于1：200，应标明室内各种功能用房、主要卫生设施及所占面积）。

6）方位示意图（2份，表明方向、街道名称、生产经营场所所在位置与周围建筑、相邻单位关系）。

7）保证食品安全的规章制度。

8）食品安全管理人员培训证明（如无此证明，则在内附承诺书中签字）。

9）法定代表人承诺书。

10）授权委托书，需要委托人及受委托人的身份证复印件。

11）卫生行政部门规定的其他文件。

3. 填写《行政许可申请表》的要求

1）填写申请表应用签字笔、钢笔或电脑填写，内容要完整、准确，要求字迹工整、清楚。

2）新办企业"申请单位"名称须与工商行政管理部门核发的《企业名称预先核准通知书》上预先核准的名称一致，或与营业执照单位名称一致。

3）"地址"按经营场所的详细地址填写。

4）需要在所有材料上盖章，任命文件要加盖上级公司或主管部门公章，无公章由法定代表人或负责人或被委托人签字，并标明"与原件无误"。

第二章

企事业单位员工食堂
日常管理与各岗位职责

第一节　食堂员工工作制度

一、政治业务学习方面

1）加强政治业务学习，认真执行学习制度，不迟到、不早退，不无故缺勤。

2）端正学习态度，坚持理论联系实际，学有所用。严禁敷衍了事，走过场。

3）学习时禁止大声喧哗、吵闹、扰乱会场秩序。

二、劳动生产方面

1）保证每餐供应，做到按需所供，提倡营养配餐。

2）加强成本核算，增强成本意识，做到货真价实。

3）根据季节变化，不断调整食谱，努力搞好伙食。

4）刻苦钻研技术，增强服务技能，提高伙食质量。

5）工作精神集中，动作干净利索，力求多快好省。

6）上级临时任务，主动克服困难，积极认真完成。

三、劳动纪律方面

进入食堂工作岗位后，应精神集中，认真按照各项操作规程和当日食谱进行工作。严禁精神懈怠、工作懒散、违章操作。按时上下班，不迟到、不早退、不无故缺勤，有事提前请假（迟到、早退、病假、事假者按劳动考核细化办法执行）。上班时不准闲谈、戏耍打闹、大声喧哗，严禁吵架、骂人。不准随意脱岗、串岗、睡岗，有事找当班组长或食堂管理人员请假。严格执行交接班制度，班与班之间应主动询问、交清，发现问题及时报告。

四、窗口服务方面

1）窗口服务前应将所用物品准备到位，提前做好准备工作。
2）窗口服务中应衣帽整洁、举止端庄、文明用语、态度热情。
3）窗口服务时应精神集中、头脑清醒，收款做到唱收唱付、不出差错。
4）遇到问题头脑冷静、耐心解答，做到得理让人。
5）严禁吵架、骂人，使用不文明语言，不允许发生任何服务纠纷。
6）遇到自己不能解决的问题时，及时向领导报告，请求指示。

五、从业卫生方面

1）从业人员应按照《中华人民共和国食品安全法》的规定，每年至少进行一次健康检查，必要时接受临时检查。新参加或临时参加工作的人员，应经健康检查取得健康合格证明后方可上岗工作。凡患有痢疾、伤寒、病毒性肝炎等消化道传染病（包括病源携带者），活动性肺结核，化脓性或者渗出性皮肤病以及其他有碍食品卫生疾病的，不得从事直接入口食品的工作。

2）从业人员遇有发烧、腹泻、皮肤伤口感染、咽部炎症等有碍食品卫生病症的，应立即脱离工作岗位，待查明原因、排除有碍食品卫生病症或治愈后，方可重新上岗。

3）从业人员应保持良好的个人卫生，操作时应穿戴清洁的工作服、工作帽（专间工作人员还须戴口罩），头发不得外露，不得留长指甲，涂指甲油，佩戴饰物。操作时手部应保持清洁，操作前手部应洗净。接触直接入口食品时，手部还应进行消毒。

接触直接入口食品的操作人员在有下列情形时应洗手：开始工作前；处理食物前；上厕所后；处理生原材料后；处理弄污的设备或饮食用具后；咳嗽、打喷嚏、或擤鼻子后；处理动物或废物后；触摸耳朵、鼻子、头发、口腔或身体其他部位后；从事任何可能会污染双手活动（如处理货币、执行清洁任务）后。

4）专间操作人员进入专间时应再次更换专间内专用工作衣帽并佩戴口罩，操作前双手严格进行清洗消毒，操作中应适时消毒。个人衣物及私人物品不得带入食品处理区。

5）食品处理区内不得有抽烟、饮食及其他可能污染食品的行为。不得有面对食品打喷嚏、咳嗽及其他有碍食品卫生的行为。

6）食品从业人员在进行岗位工作时，必须严格按照各工位食品卫生量化分级管理文件中对应本工位的食品卫生危害分析关键控制点的卫生要求进行操作。

7）食品从业人员须认真搞好自己责任区内的食品卫生、设备卫生和环境卫生，确保个人、食品、容器、用具、案台、设备、玻璃、门窗、地面等干净整洁。

六、安全生产方面

1）加强安全教育，树立安全意识，努力做好本职工作。

2）使用机电设备时应严格按照操作规程进行操作，对电器部分严禁泼水或用湿手触摸。

3）操作机电设备前应先检查电源、插座、机件等是否安全有效，如有问题立即停止操作，及时报修，严禁强行操作。

4）使用燃气设备时，应严格执行"火等气"的原则，先点火，后开气，以防爆燃。如发现泄露，出现异味，须立即关闭总截门，及时报修。

5）切实做好防火、防盗工作，不随地乱扔烟头、纸屑，消防设备前禁止摆放物品，下班时检查、关闭所有电源、门窗，确认无误后方可离去。

6）工作中使用、保管好自己的工具，并充分考虑到周围环境可能发生的危险，注意力集中，认真做好本职工作。

7）食堂所有员工坚持"不安全不生产"的原则，同时对发现的安全隐患，及时向领导报告，切实做好安全防范工作。

七、宿舍管理方面

1）维护宿舍基本设施，认真做好防火、防盗工作。

2）宿舍内禁止大声喧哗、聚众赌博，严禁在床上吸烟、随地吐痰，严禁乱扔果皮纸屑、烟头等杂物。

3）未经请示，不得随意带外人入舍、留宿。

4）凡使用宿舍人员均有参与管理、维护宿舍卫生的义务。

5）宿舍内禁止存放私人贵重财物，违者责任自负。

6）个人物品摆放整齐、得当，禁止将他人物品带入宿舍。

7）凡宿舍卫生当值人员需认真做好宿舍卫生管理工作。

八、员工相处方面

1）食堂全体员工应互相关心、互相爱护、互相帮助、团结友爱。

2）工作中应积极主动、乐观向上，主动帮助别人排忧解难。

3）有事当面讲清，或向领导汇报，禁止背后传闲话，搬弄是非。

4）工作中弘扬正气，坚持原则，严禁歪风邪气滋生蔓延。

以上部分为企事业单位员工食堂从业人员工作制度，各企事业单位员工食堂可根据具体情况进行修改或补充，为了真正将规章制度落实到位并成为员工自觉遵守的行业纪律，可将其与奖金或个人收入挂钩。

范例1

×××公司机关食堂劳动考勤细化办法

根据×××公司机关关于职工劳动考勤的有关规定，结合机关食堂的特点及具体情况，特制定机关食堂劳动考勤细化办法如下：

一、病、事假：病、事假1天扣当月奖金20%，2天扣40%，3天扣60%，4天扣80%，5天以上全免。病假凭假条，事假必须提前讲清事由，待领导批准后请假生效（特殊急事除外，倒休须经领导同意，凡因个人原因倒休者一次扣5元，当月结清）。

二、迟到：迟到1次0.5h以内扣3元，0.5h至1h扣10元，1h至2h扣20元，2h以上按缺勤处理。迟到一次1h以上或当月累计3次1h以内的同时记1分处理。

三、早退：凡因个人原因早退者：1h以内扣5元，1h至2h扣10元，2h

至3h扣20元，3h以上按缺勤处理。下班时间以午饭后集体下班为准（特殊急事经领导认可除外，开家长会凭假条除外）。

四、开会、学习时，迟到、早退者参照上述制度执行。

×××公司机关食堂

第二节　食堂各岗位职责及考核标准

为了能够使食堂整体工作真正做到有条不紊、按部就班、明确职责、各司其职，食堂应建立各岗位职务说明，通过明确职责使各岗位工作人员都能够清楚自己的任务，明确自己的责任，尽到自己的义务，使食堂能够始终保持高效运转、准确服务、良性循环、健康发展，使食堂整体工作做得更好。如图2-1所示为食堂职位架构图。

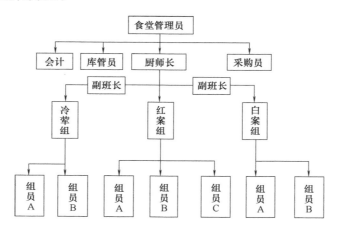

图2-1　食堂职位架构图

一、食堂管理员（行政食堂主管）（表2-1、表2-2）

表2-1　食堂管理员岗位职责

序号	主　要　责　任	负责程度	备　注
1	食堂管理：带领食堂全体人员丰富伙食品种，做好营养配餐，提高伙食质量，降低伙食成本，做好供餐服务	独立	
2	建章建制：为确保食堂各项任务的完成，建立健全规章制度，使食堂工作制度化、规范化	独立	

16

（续）

序号	主 要 责 任	负责程度	备　注
3	监督检查：为保证各项规章制度落实到位，监督检查各岗位工作情况，发现问题及时解决	独立	
4	安全工作：为增加炊事人员的安全意识，建章建制、严格管理，做好食堂各项安全工作，确保无事故	独立	
5	成本核算：为提高伙食质量，降低成本，加强核算，使食堂年盈亏率保持在±2%～±3%	独立	
6	食堂卫生：严格按照《中华人民共和国食品卫生法》对食堂实施卫生管理，接受食品卫生监督部门的监督检查	独立	
7	组织学习：组织食堂员工进行政治业务学习，贯彻落实上级有关政策、法规，做好员工政治思想工作	独立	

表 2-2　食堂管理员考核标准

序号	考 核 标 准	负责程度	备　注
1	食堂管理：工作安排有序，保证伙食供应，职工投诉率控制在月 0.3%以内	独立	
2	建章建制：制度合理有效，宣传到人到位，严格落实管理，奖惩赏罚分明	独立	
3	监督检查：定期择期相结合，检查记录填表格；亲临现场探实际，适时公布有结果	独立	
4	安全工作：安全教育不断，措施制度完善；提高思想警惕，杜绝事故隐患	独立	
5	成本核算：降低原料成本，提高伙食质量，饭菜价格合理，收支达到平衡，保证年盈亏率在±2%～±3%	独立	
6	食堂卫生：严格按《中华人民共和国食品卫生法》管理食堂，接受食品卫生监督部门的监督检查，杜绝食物中毒的情况发生	独立	
7	组织学习：按照上级部署，定期组织食堂员工进行政治业务学习，认真贯彻落实上级有关政策、法规，做好员工政治思想工作	独立	

二、厨师长（班长）（表2-3、表2-4）

表2-3　厨师长岗位职责

序号	主 要 责 任	负责程度	备　注
1	负责编制食堂每周职工餐食谱和包桌食谱，控制食品总量	独立	
2	负责食堂食品制作环节各岗位的技术监督、质量管理、成本核算以及技术培训等工作	独立	
3	负责高档包桌菜品策划、菜品制作、技术指导及质量保证	独立	
4	负责食堂成品售卖各环节的管理及统筹安排	独立	
5	协助食堂管理员或行政主管人员做好食堂其他管理工作，没有卫生管理员的要兼职卫生管理员	协作	

表2-4　厨师长考核标准

序号	考 核 标 准	负责程度	备　注
1	食谱编制必须符合就餐者就餐需求，必须坚持安全、卫生、营养、经济、实惠、便捷、适众的原则。包桌食谱根据领导要求认真制定。食品制作时应严格控制食品总量。食谱安排投诉率不得超过0.3%，食品剩余率不得超过20%	独立	
2	监督、检查、指导、管理食堂食品制作各环节工作，对食堂制成成品负总责。食品质量投诉率不得超过日3%。食品定价不能亏损，正盈率不得超过10%。每半年必须技术培训一次以上	独立	
3	包桌食品必须符合领导要求，提供的食品必须安全、卫生、营养	独立	
4	严格按照食品售卖工位文件要求对食品售卖人员进行管理，合理安排食品售卖人员进行窗口服务	独立	
5	除认真完成本职工作以外，积极配合协助食堂管理员或行政主管人员做好食堂其他方面工作	协作	

三、副班长（表2-5、表2-6）

表2-5　副班长岗位职责

序号	主要责任	负责程度	备　注
1	协助厨师长编制食堂每周职工餐食谱和包桌食谱。控制食品总量	协作	
2	协助厨师长做好食堂食品制作环节各岗位的技术监督、质量管理、成本核算以及技术培训等工作	协作	
3	除兼职协助厨师长做好工作外，必须做好自己所分管的具体工作，自己所分管的工作标准，按具体工位要求确定	独立	
4	协助厨师长做好食堂其他管理工作，包括食品卫生、责任区卫生、员工个人卫生等	协作	

表2-6　副班长考核标准

序号	考核标准	负责程度	备　注
1	协助补充厨师长工作，积极参与食谱制定，当好厨师长的好参谋、好助手。对食谱制定总量控制负次要责任（独立负责时负主要责任）	协作	
2	协助厨师长做好食堂食品制作环节各岗位的技术监督、质量管理、成本核算等工作，并对上述工作负次要责任（独立负责时负主要责任）	协作	
3	认真完成自己所分管的具体工作，并通过实际工作验证厨师长领导决策是否合理。及时反馈信息	独立	
4	除认真完成本职分管工作以外，积极配合厨师长做好食堂其他方面的管理工作	协作	

四、当班组长（表2-7、表2-8）

表2-7　当班组长岗位职责

序号	主要责任	负责程度	备　注
1	按照厨师长既定食谱，负责调配部署本组劳动力，对本组工作总量负责	独立	
2	监督、检查本组各工位工作情况，对本组食品质量负责	独立	
3	负责管理好本组各方面工作，带头做好自己本专业工作	独立	
4	负责本组所辖各项卫生管理工作和其他管理工作	独立	

表2-8　当班组长考核标准

序号	考核标准	负责程度	备注
1	合理调配本组劳动力，认真完成好当班工作任务。调配不窝工，制作保质量。不脱销，不积压	独立	
2	对本组食品严格按照工艺要求和各工位食品卫生文件管理制作，检查落实各工位记录	独立	
3	模范执行食堂各项规章制度，发挥自身技术优势，带动本组人员做好分管工作	独立	
4	负责本组交接班工作，填写班后安全记录，管理本组管片卫生，做好食品卫生、个人卫生、管片卫生工作	独立	

五、A岗厨师（表2-9、表2-10）

表2-9　A岗厨师岗位职责

序号	主要责任	负责程度	备注
1	按照厨师长既定食谱，根据当班组长部署，保质保量做好食品加工工作	独立	
2	按照食品加工工艺和工位文件要求，做好熟制食品工作。对自己制作的食品质量负责	独立	
3	在熟制食品加工过程中，对自己制作的食品卫生负责。保证熟制食品中心温度在70℃以上并进行温度测试及做好记录	独立	
4	参与制定每周食谱，注意自己食品的信息反馈。不断改进工作。积极完成好食品加工以外的其他工作	独立	
5	积极协助组长做好本组各方面工作。指导协助B、C岗厨师做好食品加工工作	协作	

表2-10　A岗厨师考核标准

序号	考核标准	负责程度	备注
1	必须按照要求保证自己加工食品的数量。不脱销，不积压	独立	
2	必须保证自己熟制食品在安全前提下达到色、香、味、形、器等五方面技术要求，重点是咸淡可口，汁芡合适	独立	

（续）

序号	考 核 标 准	负责程度	备　　注
3	必须保证自己熟制食品的中心温度达标，并按工位文件要求进行中心温度测试，做好记录。不记、漏记、乱记属违规行为	独立	
4	对自己制作的食品，积极征求意见，不断改进工作。在参与制定食谱时积极献言献策。做好食品卫生、个人卫生、管片卫生工作	独立	
5	除本职工作外，积极指导协助中、低级厨师做好食品加工辅助工作。协助组长做好本组管理工作	协作	

六、B 岗厨师（表 2-11、表 2-12）

表 2-11　B 岗厨师岗位职责

序号	主 要 责 任	负责程度	备　　注
1	按照食品加工工艺和工位文件要求及主炒厨师要求，对付食加工进行切配。主食加工听从组长或主食高级厨师安排进行工作	独立	
2	对当班切配工作的质量负责，对菜品尺寸、配比、腌制负责并做好记录	独立	
3	除必须保证自己所分管工作的质量以外，还要努力学习技术业务，当好 A 岗厨师好助手	独立	
4	除认真完成食品粗加工工作以外，还要认真完成食品卫生、个人卫生和责任区卫生等工作和领导交办的临时任务	独立	
5	协助 C 岗厨师做好食品粗加工工作。协助组内其他组员做好组内工作	协作	

表 2-12　B 岗厨师考核标准

序号	考 核 标 准	负责程度	备　　注
1	必须按照要求保证自己加工切配食品的数量，不得缺斤少两	独立	
2	必须确保当班切配菜品的质量，切菜讲究刀口，配菜依照比例，腌制确保滑嫩、入味（特殊要求特殊处理）。凡经手菜品自己必须做好记录	独立	

（续）

序号	考核标准	负责程度	备注
3	努力钻研技术，在菜品切配好后，必须跟随主炒厨师做好辅助工作，当好助手，学好技术	独立	
4	对自己切配菜品，积极征求意见，不断改进工作。做好食品卫生、个人卫生、责任区卫生工作	独立	
5	切配工作之余，主动协助其他工位工作，重点是C岗厨师工作	协作	

七、C岗厨师（表2-13、表2-14）

表2-13　C岗厨师岗位职责

序号	主要责任	负责程度	备注
1	按照食品加工工艺和工位文件要求，按照主炒厨师要求，对付食加工进行择洗。主食加工听从组长或主食高级厨师安排进行工作	独立	
2	对当班择洗蔬菜工作的质量负责	独立	
3	除必须保质自己所分管工作的质量以外，还要努力学习技术业务，当好A、B岗厨师的好助手	独立	
4	除认真完成食品粗加工工作以外，还要认真完成粗加工区域卫生以及食品卫生、个人卫生和责任区卫生等	独立	
5	协助B岗厨师做好食品粗加工工作。协助组内其他组员做好组内工作	协作	

表2-14　C岗厨师考核标准

序号	考核标准	负责程度	备注
1	必须按照要求保证自己加工择洗蔬菜的数量	独立	
2	对当班择洗菜品必须做到无泥沙、无杂物、无腐烂、无变质	独立	
3	努力钻研技术，在菜品择洗好后，必须跟随切配厨师做好辅助工作，当好助手，学好技术	独立	
4	对自己择洗菜品，积极征求意见，不断改进工作。做好本区域卫生，打好下手。做好食品卫生，个人卫生，责任区卫生工作	独立	
5	择洗工作之余，主动协助其他工位工作，重点是B岗切配工作	协作	

八、采购进货员（表2-15、表2-16）

表2-15　采购进货员岗位职责

序号	主要责任	负责程度	备　注
1	负责采购食堂主副食品以及厨具用具等与食品加工、制作、销售、贮存等相关用品	独立	
2	对所有经手采购物品质量、数量负责	独立	
3	对食品原料、调料进行采购时，必须索证要证	独立	
4	对物品进行采购时，必须多点选购、货比三家，选择物美价廉、性价比高的物品	独立	
5	除认真完成本职工作以外，还要积极协助他人做好食堂其他工作	协作	

表2-16　采购进货员考核标准

序号	考核标准	负责程度	备　注
1	负责采购食堂主副食品以及厨具用具等与食品加工、制作、销售、贮存等相关用品。坚决不买假冒伪劣产品、有毒有害产品和来路不明产品	独立	
2	在采购食品原料、调料中，杜绝购买腐烂、变质、异味、异常等威胁食品安全的物品	独立	
3	物品采购交验货时，须经库管员验货检斤。同时提供供货方卫生许可证、经营许可证、产品检验证复印件交库管员检验保存，零散货物保留小票，肉禽类交检疫票，发票经库管员签字、领导签字报销	独立	
4	物品采购时选择物美价廉、性价比高的物品，遵循货比三家、多点选购原则。大宗货物须库管员、采购员、主管领导协商进货	独立	
5	认真做好本职工作，积极参与食堂其他工作	协作	

九、库房管理员（表2-17、表2-18）

表2-17　库房管理员岗位职责

序号	主要责任	负责程度	备　注
1	负责接收食堂所有购进物品，分类入库，妥善保管，出入有账，账物相符	独立	
2	负责对食品原材料进货验收，索票验票，建立档案，管理票据	独立	
3	负责对库房物品进行管理，确保库房存放物品不出任何问题	独立	
4	保证库房所有基本设施、设备完好，安全有效，运转正常，干净整洁	独立	
5	除认真做好库房管理工作以外，还须积极协助他人做好食堂其他工作	协作	

表2-18　库房管理员考核标准

序号	考核标准	负责程度	备　注
1	验收所有入库货物，分类存放。入库建账，出库销账，账目清楚，账物相符	独立	
2	对食品原材料进货验收，索票验票，认清标志，建立档案，管理票据	独立	
3	对库房物品出库进行严格管理，出库销账，领物签字，先进先出，账目清楚。并对库存货物码放整齐，标签醒目，定期清理，禁有过期货物	独立	
4	设备齐全有效，设施干净整洁。机器运转正常，库房井井有条	独立	
5	除认真做好库房管理工作以外，积极参与食堂其他劳动	协作	

十、食堂会计（表2-19、表2-20）

表 2-19 食堂会计岗位职责

序号	主 要 责 任	负 责 程 度	备 注
1	负责食堂财务账目管理，账册齐全有效，账目清楚严谨	独立	
2	负责查验采购、库管票据，查验票据手续齐全后，据实造册登账	独立	
3	负责每月提供食堂财务报表，收支两账，盈亏各明	独立	
4	负责及时向领导提供财务信息，便于领导掌握盈亏，决策经营	独立	
5	除认真完成本职工作以外，还须做好食堂其他工作	协作	

表 2-20 食堂会计考核标准

序号	考 核 标 准	负 责 程 度	备 注
1	按有关财务要求，做到账册齐全有效，账目清楚严谨	独立	
2	查验采购、库管票据，查验相关当事人签字盖章，据实造册登账（适用于专职出纳工作要求）	独立	
3	每月按时提供食堂财务报表，收支两账，盈亏各明	独立	
4	及时向领导提供财务信息，便于领导掌握盈亏，决策经营	独立	
5	除认真做好本职工作外，积极参与食堂其他工作	协作	

第三章

企事业单位员工
食品安全管理

第一节　食堂各工位工作程序及
食品安全关键控制点

一、采购进货

采购进货工作是企事业单位员工食堂重要的工作之一，做好采购进货工作，提高采购进货质量，对搞好食堂伙食、保证食品安全，有着非常重要的意义。

1. 采购进货工作程序

1）采购员须依据食堂领导批准的各班组根据食谱填报的要货申请单采购货物。

2）采购员采购食品及原料应当按照国家有关规定索取检验合格证或者化验单，并且建档保存，留有记录。对散装货物不能提供合格证或者化验单的除对食品及原料进行感官性状鉴别外，还要索取供应商的卫生许可证及经营许可证的复印件及所购货物的小票（便于溯源）。并将上述票证交库管员验货校对保存。对市场准入食品要认清标志方可购买。

3）采购员购回货物后，必须交库管员验货检斤，同时还要提供质量票证。库管员签收货物后，采购员凭发票及库管员开具的货物验收单交领导签字后交财务报账。

2. 采购进货食品安全关键控制点

1）采购员采购货物时严禁采购下列食品及原料。

① 腐败变质、油脂酸败、霉变、生虫、污秽不洁、混有异物或者其他感官性状异常，可能对人体健康有害的。

② 含有致病性寄生虫、微生物的，或者微生物毒素含量超过国家限定标准的。

③ 未经兽医卫生检验或者检验不合格的肉类及其制品。

④ 病死、毒死或者死因不明的禽、畜、兽、水产动物及其制品。

⑤ 有毒、有害物质或者被有毒、有害物质污染，可能对人体健康有害的。

⑥ 容器包装污秽不洁、严重破损或者运输工具不洁造成污染的。

⑦ 掺假、掺杂、伪造，影响卫生的。

⑧ 用非食品原料加工的，加入非食品用化学物质的或者将非食品当做食品的。

⑨ 超过保质期限的。

⑩ 为防病等特殊需要，国务院卫生行政部门或者省、自治区、直辖市人民政府专门禁止出售的。

⑪ 含有未经国务院卫生行政部门批准使用的添加剂的，或者农药残留超过国家规定允许量的。

⑫ 其他不符合食品卫生标准和卫生要求的。

2）采购员采购货物须使用专用食品采购车，采购直接入口的食物时，须做好密闭防尘工作，严防食品在运输过程中受到污染。食品采购用车不能另作他用。

二、库房管理

库房管理工作是企事业单位员工食堂工作的重要环节之一，搞好库房工作、加强库房管理、进行食品安全规范操作是确保食堂食品安全和正常工作的有力保障。

1. 库房管理工作程序

1）库管员在接受采购供货时必须履行检斤验货，查验该批次食品的卫生检验检疫合格证或化验单（检疫票由采购员签字，库管员保存）。检查食品标志是否符合《中华人民共和国食品卫生法》的规定等程序。对于散装货物要通过感官检查食品的色泽、气味和外观有无异常，并索要供货小票和供应商商品流通许可证与经营许可证复印件存档备案。凡是不合格的食品及原材料，库管员有权拒收。

2）库管员在验收货物时对验收食品用的工具要做到生熟分开，并登记所收货物的采购日期、供货单位、生产厂名、保质期限等，并按进货日期分类编号，按类别存档备查。对大宗货物要在包装箱上标明进货日期，并且认真遵循先进先出的原则。

3）库管员工作时须认真执行食品及原材料的出入库检验制度，做到出票清楚，领物签字，日清月结，账物相符。

2. 库房管理食品安全关键控制点

1）贮存食品及食品原料的库房、设备应当保持清洁，无霉斑、鼠迹、苍蝇、蟑螂。库房及贮存食品的设备内不得存放有毒、有害物品（如杀鼠剂、杀虫剂、洗涤剂、消毒剂等）以及个人生活用品。

2）食品储存须做到：不同类别的食品分库或分架存放，库房内备有相应的货架和货垫，食品外包装完整，无积尘。食品码放整齐，隔墙离地 10cm 以上，对整包装货物，要在货箱上标明进货日期便于检查清点，便于先进先出。对所有带标签整装制品一要贴好标签，二要码放整齐，三要看好保质期，库房内不得存有过期食品。

3）低温库房内的食品冷藏、冷冻贮藏温度应分别符合冷藏和冷冻温度范围要求。冷藏温度为 $0 \sim 10℃$，最佳冷藏温度为 $4 \sim 6℃$，冷冻温度规定要求为 $-20 \sim -1℃$，一般冷冻温度为 $-18℃$。

4）食品冷藏、冷冻贮藏应做到原料、半成品、成品严格分开，不得在同一冰室内存放。食品在冷藏、冷冻柜（库）内贮藏时，应做到植物性食品、动物性食品和水产品分类码放。不得将食品堆积、挤压存放。

5）蛋品入库时必须库外倒箱并索要蛋品检疫票及经营蛋品流通许可证。要了解蛋品产地，凡来自疫区的蛋产品一律拒收。

6）对调味品入库检验必须查验市场准入标志，对未加市场准入标志的和散装调料一要索要经销商流通许可证和经营许可证复印件，二要通过感官目测、闻、尝等手段鉴别真伪，凡不合格调味品一律拒收。同时对散装调味品要一次少进，罐装加盖，用完再买，不要积压。

7）对米、面、杂粮类物品一要查验标志厂牌（应尽量选择大厂名牌产品），二要感官目测，三要不搞积压。入库保存要隔墙离地，码放整齐，保证通风，防止霉变。食油制品每次进货要记明批次，避光保存，明品明货，杜绝积压。

8）库管员应保持所管库房环境卫生清洁，设备设施有效，库内干净整洁，防尘、无鼠、无虫，库房管理有序。

三、冷荤制作

冷荤制作工作程序是食堂食品安全的重要组成部分，规定规范的工作程序、建立切实有效的规章制度，把握食品卫生各个环节的关键要点，是保证企事业单位员工食堂在冷荤制作方面不出问题的重要手段。

1. 冷荤制作工作程序

1）冷荤制作人员上岗前须穿戴好干净整洁的工作服，进入冷荤间须进行二次更衣（穿冷荤间专用工作服），洗净双手并对冷荤间工作台及所用工、用具进行消毒。冷荤间内各种工具容器按三步消毒方法（一清洗，二消毒，三冲洗）进行清洗消毒，手、刀、墩在操作前用75%酒精或0.1%84消毒液消毒冲洗，门拉手、冰箱拉手等部位应用消毒液浸湿的小毛巾包裹。进行工作时应戴口罩。

2）冷荤凉菜加工前须认真检查食品原材料，发现有腐败变质或者其他感官性状异常的，不得进行加工。

3）冷荤间用于凉做凉吃的蔬菜水果等食品原料须在冷荤间外进行粗加工择选清洗，进入冷荤间后再经过清洗、消毒、冲洗等程序后方可加工食用。未经择选清洗的蔬菜水果等粗加工原料不得带入冷荤间。

4）冷荤间用于热做凉吃的冷荤及素菜热加工须在冷荤间外进行。熟制后应在专间或冷荤间内迅速冷却，以防止不洁环境污染食品。

5）制作好的冷荤凉菜应尽量当餐用完，一般为当天制作，当天销售。对于剩余要储存的熟食一要凉透加盖，二要冰箱冷藏（冷藏温度为4~6℃），三要分类码放，四要不能叠放，五要过时加热（超过24h的，加热中心温度要大于等于70℃以上并确保充分热透）。

6）冷荤操作人员除按上述规定进行规范操作外，还必须做好当日冷荤凉菜的品种记录和需要重新加热的冷荤食品加热时间、温度记录，并对冷荤间冷藏设备及紫外线消毒灯等设备进行监控。冷藏冰箱温度保持0~10℃的工作状态，最佳温度为4~6℃。紫外线消毒灯离地2m以内明亮有效，且记录使用起始时间及每日（无人状态）30min以上照射时间，以便于达到500h时更换灯管。

2. 冷荤制作食品安全关键控制点

1）冷荤间必须遵照食品卫生管理要求做到专人、专室、专工具、专消毒、专冷藏。冷荤间不得从事与凉菜加工无关的活动。

2）凉做凉吃蔬菜水果须严格执行一清洗、二消毒、三冲洗的洗消原则。

蔬菜水果消毒先用 0.1% ~ 0.3% 的 84 消毒液浸泡 3min（使用其他消毒液的按说明书配制），再用净水充分冲洗，除去残留药液，达到杀灭生吃食品上的有害细菌要求后方可加工食用。

3）热做凉吃的冷荤食品原料必须采用新鲜蔬菜或有检疫合格证的肉、禽原料。热加工青菜类制品必须焯熟焯透。酱制肉、禽类制品必须在大于等于 70℃30min 以上加工以便于充分熟透，禁止为单纯追求口感而制售不熟制品。

4）冷荤间禁止加工生食刺身水产品。

5）冷荤餐盘在使用前必须是经过消毒的餐盘并且达到光、洁、涩、干的要求，切拼好的冷荤菜肴须从冷荤间专用窗口出菜。

6）用于直接入口食品冷藏的冰箱内禁止存放个人物品和非冷荤制品和带有整包装的外购制品。冷藏冰箱应每周清洗消毒一次。

7）冷荤间制作销售的冷荤食品在销售过程中要使用专用售卖工具，销售的食品要与购买人隔开并在醒目处告知购买人食品保质期限。

8）冷荤间禁止非冷荤制作人员入内，冷荤间专用工具禁止非冷荤制作使用。

9）冷荤间内禁止拆卸带包装货物，杜绝污染源进入冷荤间。

10）冷荤间内应确保无鼠、无蝇、无蟑、无尘，并禁止明沟排放污水。冷荤间内不得存放垃圾桶。

四、粗加工

粗加工工作是食堂加工菜肴的初道工序，做好菜肴粗加工是保证菜肴质量及食品安全，保障饮食健康至关重要的环节。

1. 粗加工工作程序

1）厨师在进入粗加工工作岗位后，首先应根据当日食谱与厨师长（班组长）安排当日食谱所需原材料的出库验货。厨师在验收肉、禽、鱼类原料时首先要通过感官检测所加工原料是否新鲜，对色泽霉暗、出现异味、感官异常、腐烂变质的肉、禽、鱼等原料应拒绝加工。不加工来路不明的原材料。加工肉、禽、鱼类原料时要在分别专用加工区加工清洗。肉、禽、鱼类原材料加工前后均不得裸地摆放。

2）粗加工蔬菜必须按照一择、二洗、三切的工序操作，清洗时必须宽水洗菜，洗好的蔬菜必须无泥沙、无杂物、无虫蛹，不得裸地摆放。严禁加工腐烂变质蔬菜。

3）洗切配好的菜品必须置于安全位置或用纱布苫盖，以防止异物掉入菜中造成物理危害。

4）粗加工厨师工作时必须做到用具清洁，刀无锈迹，砧板三光（光面、光边、光背）。并搞好粗加工区域卫生，保持设备完好，保证厨用具安全卫生。

2. 粗加工食品安全关键控制点

1）粗加工厨师工作时禁止加工来路不明、色泽霉暗、感官异常、出现异味、腐烂变质的原材料。

2）粗加工厨师在加工肉类、鱼类、禽类及蔬菜时，应分别在专用加工区进行加工。洗鱼池、洗肉池、洗菜池不得混用。对于冷冻肉、禽制品需解冻的必须在专用池内进行解冻。解冻温度应在自来水自然温度下正常解冻，一般为20℃以下，严禁热水解冻（注：35℃以上为热水）。解冻后的食品原料不应再二次冷冻。

3）厨师在粗加工工位工作时应严格执行一择、二洗、三切的蔬菜加工程序。粗加工土豆时应去皮剜芽眼，对已经出芽的土豆、鲜黄花菜、色彩鲜艳的蘑菇等禁止加工食用。

4）粗加工洗菜水温度不得高于35℃，以免烫熟表皮，达不到清洗目的。

5）易腐食品应尽量缩短在常温下的存放时间，加工后应及时使用或冷藏。

6）切配好的半成品应避免污染，与原料分开存放，并根据性质分类存放。

7）切配好的食品应按照加工操作规程，在规定的时间内使用。

8）浆制滑炒类菜品需要的畜、禽类肉等须当餐浆制，当餐用完。禁止一次浆肉，多餐使用。

9）粗加工区严禁使用熟菜盛放工具盛放粗加工制品，确保生熟分开。

10）已盛装食品的容器不得直接置于地上，以防止食品污染。

11）粗加工区域诸如：洗肉池、洗菜池、清洗池、下水明沟等必须保证干净整洁，安全有效。禁止杂乱无章，藏污纳垢。下水明沟出水口应有不大于6mm网箅封拦。

12）粗加工场所严禁圈养、宰杀活的禽、畜类动物。对于粗加工区产生的垃圾及废弃物必须及时清理，垃圾桶必须套袋加盖，每班清空。并由卫生监督员班后监督检查。

13）搞好粗加工场所环境卫生，做到无蝇、无鼠、无蟑、无尘。

14）做好粗加工工位工作记录，重点是当班加工的肉类、禽类、鱼类的品种数量及加工时间，当班加工的蔬菜品种数量等。

五、烹调加工

烹调加工是食堂工作的重要组成部分，在一定程度上，烹调反映了一个食堂的内在实力，因此，烹调加工除了加工工艺至关重要外，加工程序及食品安全更是非常关键的环节。

1. 烹调加工工作程序

1）烹调加工厨师在烹调加工前必须检查经粗加工工序转来的粗加工产品，对粗加工不合格制品（如择洗不干净、异物异味、霉变腐烂、刀功太差等）坚决不熟制。

2）烹调加工厨师在加工烹调制品时必须确保熟制熟透，每菜必测中心温度并作记录。

3）烹调制品盛放要使用专用熟菜盛放工具，使用前须确保熟菜盛放工具光、洁、涩、干。

4）盛放熟菜的专用工具在使用完毕后应清洗干净并扣于餐具保洁柜中，以免受到污染。

2. 烹调加工食品安全关键控制点

1）所有烹调加工制品必须经过粗加工工序，严禁烹调加工来路不明食品。

2）煎炸类制品在生环境下进行小块腌制，在煎、炸熟制过程中确保煎熟、炸透。禁止为单纯追求口感而制作半熟或带血筋制品。

3）煎炸用油反复使用不得超过三次。

4）爆炒类制品要根据不同菜肴的具体情况进行操作，但要确保炒熟炒透，禁止半生菜出锅。

5）熘烩类菜肴要掌握荤素搭配的熟制程度，一般荤制品熟制时间较长，要确保熟透。同时汁芡也要充分熟透，打明油禁止用生油。

6）禁止烹调出芽土豆和不去皮不剜芽眼的土豆。

7）加工扁豆类菜肴禁止用爆炒方式，必须焖熟焖透。要使豆角加热至原有的生绿色消失，食用时无生味和苦硬感，毒素方能遭到破坏。

8）所有烹调制品出锅前必须使用中心温度计进行测温。烹调制品中心温度必须达到70℃以上（中心温度：指块状或有容器存放的液态食品或食品原料的中心部位温度。用探针式中心温度测量仪测试）。

9）加工大块畜、禽肉或大块带骨制品时，一要使加工容器与加工物品相匹配；二要在中心温度达到 70℃ 以上延长加工时间，以便于彻底煮熟煮透。冷冻物品未经彻底解冻禁止熟制。

10）熟制加工工位应做好当班加工记录，重点记录当班菜品品种、出锅实测温度，及菜品质量验收（质量包括：口味、刀工、成本核算、汁芡、配比及色、香、味、形等）。

11）熟制待售成品必须加盖保存，以防异物掉入。

12）熟菜加工区要确保无鼠、无蝇、无蟑、无尘，要确保餐厨具干净整洁。

六、主食制作

主食制作是企事业单位员工食堂工作的重要组成部分，它在一定程度上反映了一个食堂的整体实力。主食制作的好坏，直接关系到食堂整体伙食的质量，因此制定主食加工工作程序和锁定食品安全关键控制点非常必要。

1. 主食制作工作程序

1）主食制作厨师上岗前须认真检查工作台面及食品工具容器是否干净卫生，加工机械是否没有油污、安全有效。确保所有加工器械干净整洁，没有异物。

2）主食制作要根据当天食谱有计划、有步骤地进行。不可心中无数，盲目制作。

3）主食制作前要先检查所用原料是否新鲜干爽，严禁加工霉变、结块、有杂物、有异味和来路不明的粮食。

4）主食加工过程中除按主食加工工艺操作外，还要确保所加工主食熟制熟透。

5）主食制成后，要先检查盛放主食的专用容器是否洁净，不得将主食成品置放于非专用容器内。

2. 主食制作食品安全关键控制点

1）加工主食的原料必须是新鲜洁净、干爽、无结块、无霉变、无杂物、无异味的纯净粮食。严禁加工色泽霉暗、潮湿结块、掺杂掺假、霉变异味和来路不明的粮食原材料。

2）米、面、粮、油等主要主食原料应使用大企业、大品牌且有专业认证的产品。使用前要先检查是否有专业认证标志，不得使用无专业认证的米、面、粮、油。

3）主食加工过程中要确保加工环境干净整洁，以防止异物掉入主食中造成物理伤害。主食加工区禁止使用百洁布、钢丝球等容易造成物理伤害的保洁工具。

4）食品加工机械要保证干净整洁、安全有效，严防机械油泥带入主食中。

5）主食制成成品后，要放入专用熟制品容器中，盖单盖被标志要向外，要确保做到生熟分开。

6）所有米、面食物在熟制过程中要确保熟制熟透，米饭不夹生，面食不粘心。中心温度必须在70℃以上。

7）制作煎炸类面食时禁止使用反复煎炸三次以上的油。

8）盛放主食的容器要保证干净整洁。笸箩、盖布、盖被要及时进行清洗。要保证做到盖布盖被标志清楚，容器用具干净卫生。

9）禁止在主食区加工非主食产品。

10）搞好主食区环境卫生，做到无鼠、无蝇、无虫、无尘。

11）做好本工位工作记录，重点记录当日加工品种、数量、熟制效果、剩余品种、数量及二次加热剩余食品的品种、数量、中心温度等。

七、成品售卖

企事业单位员工食堂主副食成品售卖工作是食堂工作的重要环节之一，也是检验企事业单位员工食堂服务水平、服务技能的窗口。因此制定成品售卖工作程序和建立食品售卖安全关键控制点必不可少。

1. 成品售卖工作程序

1）每餐开饭之前，窗口服务人员须提前10min进入岗位，并将卖饭专用饭夹、托盘等清洗检查干净后准备好。打菜人员将菜勺、量碗清洁后准备好。主副食厨师将制作好的食品用专用盛放工具提前5min放置于保温台上并采取保温措施加以保温。

2）食品售卖中要着装整齐，文明用语，唱收唱付。并坚持用专用售饭工具售饭。售卖直接入口食物时，必须佩戴口罩。

3）每餐售饭完毕后，及时清点饭票菜金，造册登账。使用电子售饭系统的及时采集数据，打印登账。负责售饭区的卫生责任人应及时清洗消毒售饭专用工具及做好售卖区卫生保洁。并负责售饭区机电设备拉闸断电，关闭门窗。

2. 食品售卖安全关键控制点

1）卖饭前检查售饭工具是否齐全有效，售饭夹等售卖直接入口食品专用工具必须经过消毒并达到光、洁、涩、干。专用工具应当定位放置，货款分开，防止污染。

2）卖饭前二次监督所有直接入口食品是否使用熟食专用工具，对未能使用熟食专用工具的直接入口食品，拒绝售卖。

3）卖饭时严禁用手接触直接入口食品，并坚持佩戴口罩。

4）售饭厅禁止非工作人员进入。售出饭菜一律不退不换。

5）对于自带餐具的就餐人员，卖饭时要目测检查其餐具是否干净。对持不洁餐具的就餐者，应劝其洗净餐具再行买饭。

6）卖饭完毕后，由售卖区责任人专门负责清洗消毒卖饭专用器械，并负责售卖区卫生保洁。

7）使用饭票的要定期进行饭票消毒。

八、剩余食品再加热处理

剩余食品即当餐未卖出的剩饭剩菜，是企事业单位员工食堂每日不可避免的客观事物。妥善处理剩饭剩菜是防止食物中毒和不铺张浪费的关键环节。剩余食品再加热处理工作程序和建立食品安全关键控制点，是杜绝食物中毒和减少铺张浪费的有效手段。

1. 剩余食品再加热处理工作程序

1）每日售饭完毕后，当班各组同志负责清理本组剩饭剩菜，并向下一班组长进行交接，下一班同志根据所剩饭菜情况进行分类处理。

2）负责处理剩饭剩菜的厨师对当餐发生的剩菜，无保留价值的倒掉，有保留价值的凉透后置冷藏冰箱加盖保存至下餐再加热销售。

3）对剩饭剩菜再加热时，必须事先检查其是否变质变酸，如有问题，必须果断倒掉，绝对不能应付了事。

4）为了避免危险和减少损失，各班最好少剩或者不剩。每班设计当日食谱时，应必要设计一个补充食品，以防止饭菜不够时补充之用，这样即可防止剩饭剩菜过多。而且尽量少存隔夜食品。

5）负责处理剩饭剩菜的厨师必须对所处理的剩饭剩菜有所记录，重点记录剩饭剩菜的品种、加热时间、中心温度及操作人员情况等。

2. 剩余食品安全关键控制点

1）对剩余食品的处理，属于蔬菜类的剩菜一般无保留价值，倒掉；肉食品类的剩菜凉透后加盖进冷藏或冷冻冰箱保存；带汁芡的剩菜尽量不保存；主食米饭、馒头冷却后加盖入冷藏冰箱保存。冷藏或冷冻食品必须标明放入冰箱起始日期、时间且应尽快加工使用，以免变质。

2）剩余食品在温度低于60℃、高于10℃条件下放置2h以上的须二次加热；60℃热保存 4h 以上的须二次加热；10℃以下保存 24h 的须二次加热。

3）二次加热时要先检查所加热食品是否已酸败变质，严禁加热酸败变质，拉粘异味的变质食品（因高温对酸败变质产生的毒素不起作用）。

4）二次加热食品一定要中心温度达到 70℃ 以上并适当延长加热时间，以确保加热透彻。

5）再加热食品加热后必须使用清洁的熟食品专用工具盛放，严禁重复使用未清洗的原剩菜盛放工具。

6）再加热食品只能再加热一次。所有食品不能反复加热出售。

7）对冷藏冰箱内未加盖储存的食品不得加热出售。

8）做好剩余食品储存及二次加热记录。

九、餐具清洗

餐具清洗工作是搞好食品卫生，保障就餐者饮食健康的重要环节。搞好餐具清洗工作，建立餐具清洗工作卫生关键控制点是食堂工作中必不可少的环节之一。

1. 餐具清洗工作程序

1）进行餐具清洗前应先配制好清洗餐具用的消毒液，并用试纸监测配制好的消毒水浓度是否合格。

2）餐具清洗要按照第一步去渣清洗，第二步消毒浸泡，第三步冲洗干净等程序进行操作。禁止漏、跳、隔程序操作。清洗过的餐具要达到光、洁、涩、干的标准。

3）清洗过的餐具要由专人负责检查、整理，并置入专用餐具保洁柜中码放整齐。

2. 餐具清洗卫生关键控制点

1）餐具清洗步骤必须按照去渣清洗，消毒浸泡，冲洗干净，保洁柜置放等程序进行。

2）消毒浸泡必须按照事先定好的池内刻度，池外量杯按配比浓度配置并经试纸测试合格后的消毒液消毒浸泡。配比规定为 0.5% 或 250ppm$^{\ominus}$84 消毒液，专用试纸颜色为第二档，浸泡时间为 5min。

3）消毒后的餐具进行冲洗时，必须将残留药液冲洗干净后才能入餐具专

$\ominus$ 1ppm = 10^{-6}。

用柜储藏。

4）沸水消毒要保证在 100℃/3min。

5）餐具清洗、消毒、冲洗池和高温消毒筐等清洗用具只能用于餐具清洗工作，不能兼作它用。

6）对残破餐具要及时清理废除，供餐中禁止使用残破餐具。

7）搞好餐具保洁柜中的卫生，做好防鼠、防蟑、防蝇、防尘工作。

十、食堂员工卫生

企事业单位员工食堂员工的卫生，特别是厨师的个人卫生是决定食堂整体卫生的关键环节。管理好食堂员工的卫生，培养良好的卫生习惯和建立员工卫生管理规范是搞好企事业单位员工食堂食品卫生的关键环节。

食堂员工卫生要求具体如下：

1）企事业单位员工食堂所有从业人员必须接受每年至少一次的行业体检，必要时接受临时检查；定期进行卫生培训，做到持证上岗。

2）进入工作岗位前必须在更衣室更换好专用工作服帽。沿指定员工通道进入工作岗位。

3）食品操作人员上岗工作前须由卫生管理员进行目测晨检。凡患有痢疾、伤寒、病毒性肝炎等消化道传染病（包括病原携带者），活动性肺结核，化脓性或者渗出性皮肤病以及其他有碍食品卫生疾病的，不得从事食品加工工作。从业人员有发烧、腹泻、皮肤外伤或感染、咽部炎症等有碍食品卫生病症的，应立即脱离工作岗位，待查明原因、排除有碍食品卫生病症或治愈后，方可重新上岗。

4）厨师进入工作岗位后第一件事要洗净双手再进行工作。接触直接入口食品的操作人员在有下列情形时应洗手：开始工作前；处理食物前；上厕所后；处理生食品原材料后；处理弄污的设备或饮食用具后；咳嗽、打喷嚏、或擤鼻子后；处理动物或废物后；触摸耳朵、鼻子、头发、口腔或身体其他部位后；从事任何可能会污染双手活动（如处理货物、执行清洁任务等）后。

5）厨师工作中禁止面对食品咳嗽、打喷嚏、说话，禁止随地吐痰。

6）厨师工作中必须养成良好的卫生习惯，认真做到生熟分开，用具干净，码放整齐，手脚利索。并自觉接受卫生监督员检查。

7）所有厨师要搞好个人卫生。要认真做到勤剪指甲，勤理发，勤换衣服，勤洗澡。男不留长发，女发不披肩。工作时应将头发置于工作帽内。

8）厨师在工作中禁止戴手表、手镯、戒指、耳环、项链等饰物。

9）食品处理区内禁止吸烟。禁止将私人衣物及私人物品带入食品处理区。

10）厨师专用工作服帽只能在食品处理区内穿戴，为保证工作服帽的干净整洁，每周应至少换洗一次。从业人员上厕所前应在食品处理区内脱去工作服。

11）所有食品加工人员工作时必须搞好个人卫生、食品卫生和责任区卫生。

十一、餐厅卫生

餐厅是广大就餐者就餐的场所，也是企事业单位员工食堂的窗口。餐厅的卫生管理及相关的工作程序是保证餐厅卫生，为广大就餐者提供优美就餐环境、优质就餐服务的重要手段。

1. 餐厅卫生工作程序

1）餐厅管理人员在开饭前须认真检查并保证做到：餐厅环境干净整洁，窗明几净。餐桌台面无杂物、无尘土，就餐环境无蝇虫。

2）对于就餐者自行刷碗的餐厅，开饭前要保证刷碗池内设施齐全，上下水道畅通无阻，残渣剩饭桶内套袋，餐具碗柜干净整洁。

3）对于配备调味罐的餐厅，开饭前要确保调味罐内的调味品干净卫生，满盛满放。

4）对于包桌餐厅，开饭前要确保台布口布干净整洁，餐具酒具光、洁、涩、干。餐桌餐椅整齐摆放，配套设施有效齐全。

5）每餐开过后，负责本区域当班人员须认真清理餐厅卫生。要做到台布每餐必换，餐桌加料洗擦，水池清洗干净，垃圾桶内无渣，地面光洁明亮，空气清新有佳，关好门窗电器，下餐再迎大家。

2. 餐厅卫生关键控制点

1）餐厅餐桌椅必须保证安全牢固，无尘无土，干净整洁，摆放齐整。

2）凡是自备餐具员工餐厅，刷碗设施须齐全有效。刷碗池上下水道畅通无阻，残渣剩饭须倒入套袋的桶内。并且保证刷碗池、垃圾桶及餐桌餐椅、餐厅环境每班清洁一次。

3）刷碗池正面明显处须提示自备餐具刷碗人：为了您的身体健康，请您将自己的餐具洗刷干净，以免因餐具不洁而导致食物中毒。

4）凡配有调味组合罐的餐厅必须由专人负责每餐清理、填装、保管、保洁调味组合罐。对调味组合罐内所装调味品：酱油要提前熬制，辣椒、食盐及食醋必须确保达到直接入口的卫生标准且每周彻底更换一次。

5）包桌台布口布必须做到每餐必换，换下必洗。有条件的可由专业洗涤部门负责高温清洗熨烫。

6）包桌餐具须在开餐前1h内由专业服务员摆台，禁止提前备台。摆台餐酒用具必须达到光、洁、涩、干。

7）服务员端菜上桌必须使用卫生透明罩。

8）所有餐厅开饭前必须保证餐厅空气清新，餐桌干净整洁，无尘土、无蝇虫。

第二节　灭鼠、灭蟑、灭蝇及卫生责任区划分

一、灭鼠、灭蟑、灭蝇制度及安全操作规范

作为餐饮行业，灭鼠、灭蟑、灭蝇是一项长期而艰巨的工作，同时也是关系到食品安全以及广大就餐者身体健康的大事。因此食堂建立灭鼠、灭蟑、灭蝇制度及安全操作规范是一项十分必要的工作，也是配合全社会共同参与灭鼠、灭蟑、灭蝇活动的重要部分。

1）灭鼠、灭蟑、灭蝇工作须不折不扣，认真负责的贯彻落实市及街道办事处和地区卫生防疫部门布置的各项任务。

2）灭鼠、灭蟑、灭蝇药物统一由专库专人负责保管。并且坚持出入库记录管理制度，入库记账，出库销账，领用签字，管理到位。

3）食堂操作间及食品库房只能置放粘鼠板，禁止投放鼠药，以免污染食品。

4）灭蟑投药后，死蟑螂必须集中高温处理，以免卵再生。

5）投药员投药时严禁药物与食品及餐用具接触，各部门搞卫生时要注意灭鼠、灭蟑用具及药物的保护。

6）所有库房库门须加装离地50cm铁皮，以防被鼠咬。所有地沟入水口处必须配有小于6mm漏水铁箅，以防老鼠由地沟爬出。

7）凡企事业单位员工食堂内使用的灭鼠、灭蟑、灭蝇药物必须符合国家安全卫生标准。严禁在食堂使用剧毒药品。

8）食堂每次进行灭蟑、灭鼠、灭蝇活动要有专人负责，并且要有记录。本工位重点记录：每次灭鼠、灭蟑日期，投药人，用药情况等。

二、卫生责任区的划分

为了充分调动食品操作人员对食品加工区内卫生达标的积极性，便于明确责任、分区管理，食堂内部卫生应落实到人。下面推荐某食堂卫生责任区分工明细表（表3-1），仅供参考。

表3-1　食堂卫生责任区分工明细表

姓　名	个人责任区明细
张＊＊	墙面、两个面案柜包括上下层
李＊＊	蒸箱、地面、打蛋器、地沟
张＊＊	灶台，食梯间包括墙面、地面、门，食品盖被
李＊＊	冰箱、电饼铛、大锅及灶台
张＊＊	烤箱，大、小和面机，轧面机，杂物柜
李＊＊	冷库、保鲜库、外间地面、门和办公区地面、大门
张＊＊	大锅灶台、工作台、多眼灶及相关墙体、地面地沟
李＊＊	卫生间全部包括地面、地沟，东食堂饭厅等
张＊＊	高灶区中心线以北全部包括地面、地沟等
李＊＊	高灶区中心线以南包括冰箱内部、饭煲架等
张＊＊	冷荤区除两个碗柜以外全部、楼下售饭间协助
李＊＊	冷荤间全部、调料库、粮食库及外间货架、地下库
张＊＊	售饭间水池、上下食梯、保温台、橱窗地面共同
李＊＊	回民食堂全部、楼下售饭间共同

注：1. 上述区域卫生由管理员、厨师长、卫生监督员检查。

　　2. 检查标准按国家食品安全法和食堂有关规章制度执行。

　　3. 检查结果记录在案并与奖金挂钩。

第四章

企事业单位员工食堂安全管理

食堂安全工作一般包括：劳动卫生（含工伤、职业病、有毒有害作业）、食品安全、机电安全、燃气安全、消防安全、交通安全、治安保卫（内保工作）等。从安全管理内容上，主要由安全法规、安全管理和安全技术组成。而安全管理则包括：安全管理制度、安全教育管理、安全检查、事故调查与管理等。安全技术包括：炊事机械设备的危险部位及防护、电气安全（触电、雷击）、防火防爆（起火原因）等内容。

第一节　食堂机械设备安全

食堂常用机械设备包括和面机、轧面机、绞肉机、切片机、刹菜机、切菜机、饺子机、搅拌机、脱水机、豆浆机、电饼铛、电烤箱、电冰箱（柜）、燃气灶、食用专业电梯等。

小知识：机械是由若干相互联系的零部件按一定规律装配起来，能够完成一定功能的装置。

一、机械设备的组成

机械设备由驱动装置、变速装置、传动装置、工作装置、制动装置、防护装置、润滑系统、冷却系统等部分组成。

二、食堂机械设备的五个最危险

1) 轧面机轧轴对滚装置中的对滚部位最危险。
2) 和面机中绞面装置最危险。
3) 绞肉机、馒头机中螺杆传动部位最危险。
4) 在齿轮传动机构中，两轮开始啮合的地方最危险。
5) 皮带传动机构中，皮带开始进入皮带轮的部位最危险。

三、安全技术措施的分类

安全技术措施分为直接、间接和指导性三类。直接安全技术措施：设计时考虑；间接安全技术措施：加装防护装置；指导性安全技术措施：采用制度、操作规程、标志进行指导。其中，加装防护装置是我们日常安全管理的重点之一。使用食堂机械设备时，齿轮传动机构必须装置全封闭型的防护装置，没有防护罩的不得使用。老设备中的开式齿轮传动，必须改造加装防护罩。

案例链接：饺子机伤人事故

[事故描述] 1999 年，某食堂女炊事员李某操作饺子机时被齿轮绞伤右手食指，造成工伤。

[事故原因] 1. 李某违章作业，在使用设备前未对设备进行认真检查；2. 自我保护意识不强，没能有效地保护自己；3. 齿轮啮合处未安装防护罩，安全设施不完善。

[事故性质] 责任事故。

[吸取教训] 1. 遵守设备安全操作规程；2. 增强自我保护意识；3. 完善安全防护设施，发现问题及时报修。

四、机械伤害预防对策

（1）在硬件上实现机械本质安全
1) 消除产生危险的原因。
2) 减少或消除接触危险部件的次数。
3) 使人难以接近危险部位。
4) 提供保护装置。
（2）在制度和管理上保护操作者和有关人员安全
1) 培训，提高人们辨别和避免危险的能力。

2）设备改造，增加警示标志。

3）采取必要的行动增强避免伤害的自觉性。

五、食堂机械设备的安全操作规程

1. 和面机

1）使用机器前应先检查电源、插座、机件等是否安全有效，如有问题，停止操作，及时报修，严禁强行盲目操作。

2）所有电器部分严禁泼水或用湿手触摸电器开关。

3）机器运转时严禁手和其他物品进入面斗内操作，以免发生危险。

4）严格按照机器额定容量进行操作，禁止超容量加工和超硬度加工和面。

5）机器进行维修、清洗时必须断开电源，严禁带电作业。

6）操作机器时应将自身工作服帽整理好，以防绞入机器内，并且要精神集中、全神贯注。严禁闲谈、聊天、心不在焉、戏耍打闹。

7）机器设备使用完毕后须立即拉闸断电，清理干净。下班前必须检查电源电闸是否断开。

8）使用机器须按时向注油孔内加注专用润滑油，严禁加注食用油。

9）严格执行交接班制度，班前班后主动询问交清，发现问题及时报告。

2. 轧面机

1）使用机器设备前应先检查电源、插座、机件等是否安全有效，如有问题，停止操作，及时报修，严禁盲目操作。

2）电器部分严禁泼水或用湿手触摸开关。

3）操作机器时，必须穿戴好工作服帽，机器运转时，严禁伸手动用滚轮内物品，以免发生危险。

4）操作机器时应精神集中，严禁闲谈、聊天、戏耍打闹。

5）机器工作状态时，应掌握好所轧物品干湿软硬，严禁超负荷强行使用机器。

6）机器设备使用完毕后，需立即拉闸断电，下班前必须检查电源电闸是否断开。

7）使用机器须按时向注油孔内加注专用润滑油。

8）机器维修、清洗时必须断开电源，严禁带电作业。

9）严格执行交接班制度，班前班后主动询问交清。

10）使用机器时，严格按照操作规程进行操作，严禁盲目违章使用机器。

3. 绞肉机

1）在接好电源后，先面向绞肉机筒子看底部的输出轴转向是否正确，绞肉机的正确转向是逆时针旋转，严禁反方向旋转，试转无误后，再切断电源，装配零部件方可使用，否则易损坏零部件。

2）机器起动前，口圈不要拧得太紧，起动后可随时将口圈调整到合适的程度。机器运转正常即可绞肉。各种肉类绞前必须去皮去骨，肉块最好是长条状，可提高绞肉效率。使用前和使用时切记勿将异物掉进绞肉筒内，以防发生事故。

3）使用时如发现肉块停在进料口时，切不可用手去捅，应用木槌按塞一下，如有卡壳现象，应迅速按动红色按钮停机，排除故障后，方可继续使用。注意：排除故障时必须拉闸断电，以防不测。

4）使用时如发现三角带过松或过紧，可松开后面调节螺母调整电机位置，合适后，再拧紧螺母。

5）机器用完后，在彻底断电情况下，依次将零件卸下，清洗干净后收好以备下次再用。

6）操作时应精神集中，严禁闲谈、聊天、戏耍打闹。

7）机器用完后须拉闸断电，清理卫生。下班前必须检查电源电闸是否断开。

4. 切片机

1）使用机器设备前应先检查电源、插座、机件等是否安全有效，如有问题，停止操作，及时报修。

2）切片时，放上食品，将横向挡杆轻轻固定，压力不宜过大，否则食品不能自动落下。

3）通过厚度调节旋钮设定所需厚度。开机前，需先将机油注入横向轨道油孔和横向轨道。

4）确认上述作业完毕后，接通电源，圆盘切刀旋转，接通离合。食品切至2/3时，切断离合，放下重锤，继续切片。

5）切冻肉时须先将冻肉预先解冻至麻冻，防止切削过硬物品损坏机器。

6）应特别注意圆盘切刀，在圆盘切刀与调厚板之间有食品断差间距，此处存有危险，切勿将手靠近圆盘切刀。

7）操作完毕后，须将厚度调节旋钮还原到0位。养成不忘记将切刀盘与厚度调节板保持同一平面的习惯。

8）机器用完后应及时进行清洗，重点是将安全罩、中罩及前罩卸下清洗或擦拭，否则会发生圆盘切刀旋转不灵活或粘在一起、切刀停止转动等情况。

清洗机器时请特别注意下列事项：

① 清洗时务必切断所有电源、开关。

② 禁止用热水或清水泼、浇机体，严防电器部分进水。

③ 厚度调节旋钮务必还原到 0 位。

9）操作机器时应精神集中，严禁闲谈、聊天、戏耍打闹。严格执行交接班制度，班前班后主动询问交清，发现问题及时报告。

5. 饺子机

1）使用机器设备前应先检查电源、插座、机件、油面等是否安全有效，如有问题，停止操作，及时报修。

2）严格按照使用说明书顺序安装机件，严禁不装、漏装安全防护装置。

3）严格按照使用说明书的规定进行顺序操作，禁止不懂者、不会者使用，严禁盲目操作。

4）操作机器时，严禁闲谈、聊天、戏耍打闹。

5）排除故障时必须拉闸断电，待故障排除经确认安全后，方可继续开机使用。

6）机器运转过程中，严禁将手伸入面斗、馅斗中，以免发生危险。严防异物掉入面斗、馅斗中，以免造成机件损坏。

7）机器设备使用完毕后，须立即拉闸断电，将机器零部件按安装反顺序进行拆卸清洗，晾干后收好下次再用。

6. 豆浆机

1）使用机器设备前应先检查电源、插座、机件等是否安全有效，如有问题，停止操作，及时报修，严禁盲目操作。

2）电器部分严禁泼水或用湿手触摸开关。操作机器前，必须先检查上盖扣锁是否扣紧，上下磨盘间隙是否合适。严禁不看、不查盲目使用。

3）操作机器时应精神集中，严禁闲谈、聊天、戏耍打闹。

4）机器工作状态时，应掌握好所磨物品干湿软硬，严禁超负荷强行使用机器。

5）机器设备使用完毕后，需立即拉闸断电，下班前必须检查电源电闸是否断开。

6）机器维修、清洗时必须断开电源，严禁带电作业。

7）机器使用完毕后，须断开电源，卸下上盖，将里边清洗干净，通风晾干后安装备下次使用。

7. 盆式刹菜机

1）使用机器前应先检查电源、插座、机件等是否安全有效，如有问题，停止操作，及时报修。

2）检查各部位螺栓、尤其是刀盘上的螺栓是否拧紧，菜盘内不允许有任何异物，放好接物桶，盖好上罩。

3）合闸，开机，使机器正常运转并将蔬菜定量放入菜盆，不要一次放得太多，以免堵塞。

4）当蔬菜切碎到一定程度时，用木勺拨出菜盆。

5）机器运转时，在任何情况下不准打开上罩，不准将手伸进上罩内。

6）刮菜刀不得使用金属制品，更不准伸进护罩内。

7）本机不宜加工韧性较强的蔬菜，尤其是经过日晒的芹菜、茴香、韭菜等，以防缠轴。

8）操作时应精神集中，严禁闲谈、聊天、戏耍打闹。

9）保持机电设备安全有效、干净整洁，发现问题及时报修。

10）机器设备使用完毕后须拉闸断电，清理卫生。下班前必须检查电源电闸是否断开。

8. 立式搅拌机

1）使用前先将变速手柄拨至2挡或3挡，并检查电源、插座、机件等是否安全有效。

2）搅拌前扳动提升手柄将桶叉降至最低位置，装上搅拌桶，转动左右拌桶锁紧拌桶，然后把搅拌器套入搅拌轴，并旋转至轴销滑入L型槽内，选好搅拌速度，在搅拌器运转的情况下，将拌桶升至最高位置，即进行搅拌。

3）应根据被搅拌物正确选择搅拌器和搅拌速度。

① 搅拌面粉：蛇形搅拌器，1挡中速。

② 搅拌混料：拍形搅拌器，2挡中速。

③ 搅拌蛋液：花蕾形搅拌器，3挡高速。

4）搅拌结束后，扳动提升手柄将拌桶降至最低位置，卸下搅拌器，松开锁紧手柄即可取出搅拌桶。

5）使用后应及时清洗搅拌器及搅拌桶，电器部分严禁泼水、洗、烫。

6）保持机电设备安全有效、干净整洁，发现问题及时报修。

7）机器设备使用完毕后须拉闸断电，清理卫生。下班前必须检查电源电闸是否断开。

9. 脱水机

1）接通电源，试运转，运转方向符合要求，无不正常响声，无剧烈震动，运转正常，关闭电源，1min后，间断制动，检查完毕。

2）将脱水物放入脱水鼓中。注意：一定要摆放均匀。

3）脱水达到目的后，过1min再间断操纵制动把手三至四次，使旋转中的脱水转鼓逐渐制动。注意：切忌一下子制动转鼓，否则可能发生意外事故。

4）使用本脱水机最大荷载为不超过10公斤，严禁超负荷使用。

5）每次使用完毕后，将污水排尽，应放适量清水冲洗脱水鼓，防止有害物质腐蚀脱水鼓和脱水缸以延长机器使用寿命。

6）所有电器部分严禁泼水和用湿手触摸电器。机器运转时，谨防异物掉入缸内发生意外。

7）机器设备使用完毕后，须立即拉闸断电，下班前必须检查电源电闸是否断开。

10. 多用切菜机

1）开机前须检查连接电源是否安全有效。

2）查看竖刀、切片刀、偏心轴螺钉等是否紧固，切片桶内、输送带表面不可有异物，确认无误后方可起动机器。

3）严禁将硬物、木棍、金属物等投入切片桶及输送带上。

4）所切蔬菜应清洗干净，禁止切削夹带泥沙或不洁的果蔬茎菜。

5）机器运转速度不能调得过高，负荷大时产生转速降低现象，应调整切片桶或移动电机拉紧皮带。

6）切丝竖刀在切制8mm以上丝块时需用最低速，少用高速可延长机器寿命。

7）在输送带上送菜时，手必须离开竖刀，机器运转时严禁用手触摸机头部分，以防发生意外。

8）机器用完后，在切断电源的情况下，将机器清洗干净，电器部分严禁泼水、浸水。

9）定期对机器进行保养，运转部位的油孔每班加两次机械油，轴承应每三个月加一次黄油，任何部位不可用食用油替代机械油。

10）机器设备使用完毕后，须立即拉闸断电，清理干净。下班前必须检查电源电闸是否断开。

11. 电烤箱

1）打开烤箱后面排气调节器风门，关上烤箱门，拨通电源开关，将两个空温选择开关拨至自控位置，再将两个温度控制器调节至所需温度，绿色指示灯亮时处于升温状态，红色指示灯亮时处于恒温状态，此时打开烤箱门送入待烤物品，关上箱门，注意掌握烘烤时间。用手动控温时，注意掌握预热烘烤温度和时间。

2）经常清除炉内油污及烤焦物，保持炉内清洁。

3）所有电器部分严禁泼水或用湿手触摸电器开关。

4）保持机电设备安全有效、干净整洁，发现问题及时报告。机器设备用完后需拉闸断电，清理干净。下班前必须检查电源电闸是否断开。

5）严格执行交接班制度，班前班后应主动询问交清，发现问题及时报告。

12. 电饼铛

1）使用机器设备前应先检查电源、插座是否安全有效，如有问题，停止操作，及时报修，严禁盲目操作。

2）使用电饼铛过程中要检查铛盘是否受热均匀，如不均匀及时报修。严禁敲击、振动铛盘。

3）操作机器时应精神集中，严禁闲谈、聊天、戏耍打闹。

4）电饼铛使用完毕后应及时清洗，但电器部分禁止湿水、湿布接触，清洗擦拭时必须拉闸断电。下班前必须检查电源电闸是否断开。

13. 电冰箱（柜）

1）电冰箱（柜）使用前须将电源插座插实插牢，防止虚接过热，造成危险。

2）电冰箱（柜）使用时应置于通风干燥处，严禁将设备置于过热环境中。

3）电冰箱（柜）使用当中应定期清洗内部，以保证储物空间整洁、卫生。

4）压缩机、散热窗等电器部分应定期由专业人员进行清洗，以确保机器设备安全、正常、高效运转。

5）所有电器部分严禁用水冲洗和湿手触摸，以防不测。

14. 食堂燃气灶具

1）使用燃气灶具前，应先检查所有截门是否关闭，确认无误后，开启总截门再进行使用。

2）操作时须严格执行"火等气"的原则，严禁先开气后点火，以防爆燃。

3）点火时，应先点燃点火棒，再点燃长明火，由长明火点燃主火孔。严禁违章操作。

4）间断使用时，须先确认长明火是否长明，如已熄灭，须按第三条重新操作。严禁盲目操作而发生燃气泄漏。

5）使用完毕后，应按程序先关小截门，再关中截门，最后关闭总截门。严禁只关总截门而不关中、小截门。

6）凡使用者必须保持灶具设备干净整洁、完好无损，发现问题及时报告。

7）如发现燃气泄漏要立即关闭总截门，迅速开窗通风并及时报修。

8）下班时，必须检查所有燃气截门、电器开关是否关闭，确认无误后，方可下班离岗。

15. 食品专用电梯

1）食品专用电梯是装运食品的电梯，严禁运载其他杂物和人员。

2）食品专用电梯装运食品时，食品不宜超大、超长、超重，禁装易燃易爆危险品。

3）所有电器部分严禁泼水或用湿手触摸电器开关。

4）呼叫电梯要使用呼叫钮，不要拍门、踢门，不要用其他物件叩击电梯。

5）电梯在开关门时要轻开、轻关，不要用力撞击厅门。

6）电梯不在本层时不要扒门，严禁开门运行。

7）食梯装运水、汤类食品时，不要过满，以免溢出。严禁将剩饭剩菜倒入电梯坑。

8）使用小推车时不要撞击两侧门框，必须将小推车固定好后方可使用。

9）严格执行交接班制度，班前班后主动询问交清，发现问题及时传报。

第二节　食堂用电安全

一、相关知识

1）电气事故：可分为触电事故、雷击事故、静电事故、电磁辐射事故和电气装置事故。

2）触电事故：分为电击、电伤。

二、安全用电原则及注意事项

1. 原则

非专业人员不该动的勿动，非专业人员不该修的勿修。

2. 注意事项

1）操作设备的配电箱、开关、按钮、插座等应保持完好，不得有破损。

2）操作闸刀式开关时，应将盖盖好，防止电弧伤人。

3）操作电器设备，要遵守操作规程，定期进行检查（绝缘、接地）。

4）禁止使用临时线。

5）防雷：专业性较强，按建筑物、设备等分别采取措施，按国家相关规定执行，每年进行防雷检测。

6）电器火灾：不得用水和泡沫灭火器灭火。

7）防止触电事故：操作设备、搞卫生时，要注意"水能导电"。

第三节　食堂燃气安全

一般食堂使用的燃气大致分为液化石油气或天然气两种。两种燃气压力不同，但都具有易燃、易爆等特点，因此，使用上述两种燃气时要严格遵守操作规程和使用、存放要求，必须执行：完善规章、狠抓落实、专人负责、通风防爆、定期检测等规章制度。

案例链接：

[**事故描述**]：2004 年，某食堂炊事员使用天然气灶具时，先打开燃气截门，后点燃点火棒，结果发生爆燃，造成该炊事员面部灼伤，险些毁容。

[**事后分析**]：开灶具顺序不对，未按照燃气灶具操作规程进行操作。

第四节　食堂治安及消防安全

1）操作间禁止非工作人员入内。

2）现金、饭票、账簿、卡片等要专人保管，及时清点，交接清楚，严禁非内部工作人员代替兑换饭票。

3）严禁存放易燃易爆危险物品，严禁将有毒物品带进食堂。

4）存放食物、原料的库房，要随手锁门，钥匙由专人保管。

5）使用燃气以及各种燃气灶具必须严格按照操作规程进行操作，严禁盲目违章操作。

6）用油炸物时，要有专人值守，注意油温，防止过热。如发生起火，应使用窒息法。

7）对所使用电动厨具、设备要经常检查，发现问题及时报修。所有电器设备严禁泼水或用湿手触摸。

8）保持食堂出入口畅通，不得存放影响出入的物品。

9）定期对烟道的油污进行清理。

10）所有在岗炊事人员必须提高警惕，从思想上重视治安防火制度，严格执行交接班制度和各项操作规程。火警电话：119。

第五节　事故处理与管理

一、事故的报告

事故应按照国家、地方及所属单位的事故报告管理程序进行报告。

二、事故处理的原则

事故处理应遵循四不放过原则，具体是：

1）事故原因未查清不放过。

2）事故责任者和职工未受到教育不放过。

3）防范措施未制定和落实不放过。

4）责任人未按追究制度追究不放过。

三、安全检查

1. 安全检查的范围

人的不安全行为，物的不安全状态，是造成事故的基本因素，因此也是安全检查的范围。

2. 安全检查的目的

1）随着时间的推移，物体总会在慢慢地被磨损、侵蚀，原有的条件或状况总会在变化，人的注意力也不可能总是保持高度的集中或戒备，事物的这种由量变到质变的特性使风险会随时间的推移而逐渐加剧。因此，必须不断地进行检查，及时发现潜在的风险，进而采取消除或降低风险的措施，做到防患于未然。

2）为员工提供一个健康安全的工作场所，也是企业发展的基础。

3. 安全检查的形式和种类

1）经常性检查（企业内部组织）。

2）定期性大检查（上级劳动部门或企业）。

3）季节性检查和专业检查（针对某些问题）。

4）互查（地区之间、产业之间）。

5）自查：最基础的检查是劳动者对自己的行为和周围环境、设备的自查。

6）非正式检查：日常（定时）巡视。

7）计划性检查：

① 综合检查：检查每一个区域、设备不安全因素。

② 关键部位（件）检查：检查某一局部区域或设备被磨耗、损坏、滥用或误用可能导致的问题。

4. 安全检查的程序

（1）检查前的准备　找出重点，列出查看对象，对以前出现的问题做到心中有数，并准备必要的工具和材料。

（2）实施检查　按照计划对各区域逐一进行检查，要对作业场所各个方位进行审视，找出潜在的问题，要特别关注平时很少有人去的地方，检查中不能只跟随现场人员的指引路线，要换个角度去查看容易被忽视的问题，对检查中发现的问题做好记录，能马上解决的问题就现场解决。

（3）制定整改计划并追踪　对检查出的各类问题要根据其造成损失和后果的严重性进行分类，判断发生的原因，找出解决问题的办法，对不能在短时间解决的，要采取临时措施。编制整改计划并发送到所有责任人和领导，追踪检查落实情况。整改计划的内容包括：问题的描述；改进措施；责任人（部门）；期限；预期费用。

5. 安全检查的内容

（1）查思想　"人的不安全行为"首先萌发于人的思想。检查是否牢固树立了"安全第一，预防为主"的思想，是否有轻视安全生产的思想，是否有安全与生产对立的观点，是否有冒险蛮干的思想，是否有消极悲观的观点，是否有麻痹思想和侥幸心理。对检查出的不正确思想，要通过思想工作和采取行政制约措施予以消除。

（2）查现场隐患　"物的不安全状态"（即隐患）是事故发生的根源之一。要防止事故发生，必须及时发现并消除隐患。现场隐患应包括：

1）作业场所建筑物是否安全。

2）安全通道是否通畅。

3）零部件的存放是否合理，机器设备的防护装置、保险装置、信号装置是否完好。

4）电气设备的安全设施、各种气瓶和压力容器、危险化学用品的使用管理是否严格遵守制度。

5）车间内的照明设施、有毒有害物质的防护设施、工人的劳动条件、相应的安全标志设置是否完备。

6）生产现场及周围环境是否有不安全因素。

7）生产设备是否有带病运转现象。

8）劳动者是否按标准作业，是否遵守安全技术操作规程，是否违反劳动纪律等。

（3）查安全知识　在实践中，因为炊事人员安全生产知识水平低下而引发的事故相当多。检查的具体内容大致可以包括：

1）食堂有关安全方面的规章制度是否健全，各项安全操作规程是否到位。

2）炊事人员是否对自己所处的环境具有安全意识，特别是结合食堂食品处理区所特有的刀快、水烫、地滑、人多等不利于安全的因素是否有安全防范意识。

3）炊事人员对自己所操作的各种机械设备的性能和知识是否了解，特别是涉及安全方面的关键部位及关键点是否掌握。

4）炊事人员对有关电器设备的基本安全知识是否了解。

5）食品安全的各项规章制度和基本操作程序及关键控制点是否明确。

6）炊事人员对消防知识，特别是针对厨房特有的消防灭火知识以及火灾事故报告办法等是否掌握。

（4）查整改　前面的三项都是手段和方法，而要达到目的还在于采取积极措施，落实和消除隐患。查整改，就是要求对检查出来的问题，尽量设法解决。争取做到边检查边改进，使检查出来的问题条条有着落，件件有交代。对少数限于物质技术条件，暂时不能解决的，也要制订计划按期解决。

范例 2

食堂安全预防突发预案

根据公安消防部门及单位领导的要求，特制定食堂预防突发事件预案，以确保食堂在遇有突发事件时，反应及时、工作有序、上报准确、措施得当。

一、食堂组织领导成员：张××

二、小组成员：李×× 王×× 赵××

三、分工及具体实施：

（一）当食堂遇有突发事件时，必须听从食堂领导小组指挥，积极抢救，并注意保护现场，同时立即向上级主管领导和保卫部门报告，上级主管领导电话是：010－×××××××。消防报警电话：119，公安报警电话：110。

（二）所有在岗人员要做到"三知"、"三会"、"五不准"。"三知"即：一知火警电话119；二知匪警电话110；三知当地派出所和上级保卫部门电话。"三会"即：一会报火警，做到遇火警沉着、镇静、报清单位、地点、火势及燃烧何物；二会使用灭火器材；三会扑救初起火灾，做到正确选用灭火工具和扑救方法。"五不准"是在岗、值班时一不准睡觉；二不准喝酒；三不准干私活；四不准看小说；五不准打扑克、下棋。

（三）遇有突发事件时，食堂领导须亲临现场，并及时向上级领导及有关部门汇报情况，同时积极采取有效措施，组织人员，控制局面。各组组长带领本组人员服从命令，听从指挥。

范例3

食堂安全责任书

为了进一步贯彻落实关于加强安全管理，进行安全生产，杜绝安全事故的有关规定，结合企事业单位员工食堂的具体特点，现作如下规定，请企事业单位员工食堂全体员工务必遵照执行。

一、所有食品制作人员在进入工作岗位前，必须换好专用工作服、工作帽，进行食品制作时严格按照《中华人民共和国食品卫生法》的有关规定进行操作，严防生物的、化学的、物理的危害进入食品，确保食品安全。

二、食品制作人员在进入工作岗位后，务必坚持不安全不生产的原则，在操作机械、电器、燃气等设备时，必须按照各操作规程进行操作，严格禁止违章操作。

三、食堂所有人员在进行本岗位工作时必须充分注意到食堂环境中诸如地滑、水烫、刀快、人多、繁忙等因素，真正做到忙而不乱、忙而有序，确保自身及他人工作安全。

四、各操作人员工作时务必保存管理好自己所使用的菜刀、厨剪及厨用锐器，以确保安全。

五、食堂后厨属于食品加工生产重地，严禁非工作人员入内，食堂各位厨师有义务制止非工作人员进入食堂。各班组下班后必须做好交接班记录，对相关设备严格执行拉闸断电（客观不能断电设备除外）、关闭节门等措施。确认检查无误后锁好门窗方可下班。

六、对上述各条款凡食堂从业人员务必保持清醒头脑并认真遵照执行。凡违章操作者视情节轻重分别给予警告、罚款、停班培训、解除合同等处罚，并且所在班组同事也将受到罚款、培训等牵连。对因违章操作造成事故的除追究相关责任外，一切经济损失自负，解除劳动合同并保留进一步追究刑事责任的权利。

×××食堂

年　月　日

厨师签字：

第五章

企事业单位员工食堂成本与财务报表

　　一个食堂的成本，直接决定了食堂办得好坏，作为企事业单位员工食堂，如果定位于福利范畴，企业就要为食堂承担房屋、水、电、燃料、设备以及人工等必要成本，而食堂所做的成本核算也只是直接原料制成成品的单一成本核算。因此，食品定价只包括食品原材料、食品出成率和材料损耗率等内容。而如果是经营性食堂，则在上述成本的基础之上，还要加上房屋、水、电、人工成本和设备折旧以及盈利部分。一个食堂，有丰富的花样品种加上稳定的质量水准再加上较低的食品售价再加上良好的就餐服务才能是一个合格的食堂。而这样的食堂需要有一个完善的制度和强有力的管理。因此，成本管理在整个食堂管理中，是非常重要的一环。

第一节　食堂成本核算

　　成本核算的形式多样，一般来说主要有单一成本核算、单餐成本核算、单日成本核算、单月成本核算、生料成本核算、半成品成本核算、熟食品成本核算等。

　　（1）单一成本核算　单一成本核算指的是对某种饭菜在烹制、出售前后所用原料的投入量与投入额以及出售份数、出售价格等所进行的核算。这种核算方法的特点是计算准确，但工作量大。

　　（2）单餐成本核算　单餐成本核算指的是对一餐全部饭菜的原料投入总

量与总额及其饭菜售出后的总额所进行的核算，这种核算方法的特点是简便易行，但其科学性和准确性相对较差。

（3）单日成本核算　单日成本核算是对每日的伙食成本进行核算，即通过"今日成本＝昨日结存＋今日用料－今日结存"的计算公式对每日的食堂伙食成本进行核算，它通常是建立在每餐成本核算的基础上，单日成本核算方法的特点是便于连续、系统地对每日的伙食成本进行计划管理，有助于保持饭菜价格的合理性和稳定性。

（4）单月成本核算　单月成本核算是成本核算方法中的一种重要方法，通常是通过月末盘点后，运用"本月消耗（支出）＝上月库存额＋本月的购进总额－月末盘存额"的方法，对伙食成本所进行的核算。单月成本核算时，管理人员应注意盘存清点的准确度，力求做到盘存清点完整、真实、准确。通过当月伙食收入减去当月伙食支出的方法可以计算出食堂当月的盈亏指数，食堂管理人员应注意食堂的月盈亏指数是否超过了规定的月盈亏幅度。一般来讲，食堂的月盈亏幅度不超过 ±2% ～ ±3% 为合适。

（5）生料成本核算　生料成本核算指的是对只经过初步择、洗等简单加工而尚未进行经过任何拌制或熟制处理的各种原料的净料成本所进行的核算，其核算方法是：

$$生料成本 = \frac{毛料总值 - 下脚料总值}{毛料重量}$$

（6）熟食品的成本核算　熟食品的成本核算指的是已制成食品的成本核算，其核算方法是：

$$熟食品的成本 = \frac{毛料总值 - 下脚料总值 + 调味品总值}{熟食品的重量}$$

第二节　食堂食品定价

一、食品定价的基本原则

按质论价、质价相符，是企事业单位员工食堂价格管理所要达到的主要目标。食堂的食品成本主要包括主料、配料、调料等。食堂的食品价格变动也主要受这三个因素的影响，因此食堂制定的销售价格要参照上述三个因素的具体情况加以确定，食品价格不能盲目过高或过低，既要考虑到就餐人员的经济状况和实际消费水平，同时也要坚持"还原成本"的基本原则。

二、食品定价的基本方法

食品定价的方法就是将构成这个食品所用的原料、辅料、调料的购进价格相加再除以其成品出成率，并在此基础上适当加上富余量以保持其价格的相对稳定性。下面举例说明。

1. 芝麻烧饼

主料：标准粉 1.2 元/斤×10 斤＝12 元；安琪发酵粉 1.50 元/两×2 两＝3.00 元；用水 6.5 斤制成水面。

辅料：麻酱 8 元/斤×3 斤＝24 元。

调料：盐 0.1 元/两×3 两＝0.3 元；花椒面 3 元/两×1 两＝3 元；芝麻 8 元/斤×0.5 斤＝4 元。

核算：共计 46.30 元，共出 90 个烧饼，成本为 0.52 元/个；水面坯子 2 两/个。售价：0.6 元/个。

2. 家常肉饼

制面：富强粉 1.5 元/斤×10 斤＝15 元；用温水 6.5 斤制成水面；折合每 0.6 斤干面制成 1 斤水面价值 0.9 元。

制馅：鲜猪肉馅 10.5 元/斤×6 斤＝63 元；大葱 2.5 元/斤×3 斤＝7.5 元；鸡精 14 元/斤×0.1 斤＝1.4 元；盐 1 元/斤×0.15 斤＝0.15 元；生姜 3 元/斤×0.5 斤＝1.5 元；胡椒粉 30 元/斤×0.05 斤＝1.5 元；老抽 4 元/斤×0.3 斤＝1.2 元；酱油 1.4 元/斤×1 斤＝1.4 元；色拉油 6.5 元/斤×0.5 斤＝3.25 元；香油 14 元/斤×0.1 斤＝1.4 元；打水 1.3 斤。水馅总计 82.30 元，出成水馅 13 斤；水馅 6.4 元/斤；每张肉饼水馅 6.4 元/斤×0.7 斤＝4.48 元。

其他：另加 1 元刷油，0.5 元面干。

核算：每张饼合水面 0.9 元/斤×1 斤＋水馅 6.4 元/斤×0.7 斤＋刷油、面干 1.50 元＝6.88 元；每张饼毛重 1.8 斤；出 8 块；每块实际成本 0.86 元。

售价：1 元/块。

3. 辣子鸡丁

主料：鸡腿肉或鸡胸肉 8 元/斤×1 斤＝8 元。

辅料：青椒 3 元/斤×4 斤＝12 元。

调料：辣酱 3 元/斤×0.2 斤 = 0.6 元；酱油 2.8 元/斤×0.5 斤 = 1.4 元；精盐 1.3 元/斤×0.1 斤 = 0.13 元；淀粉 3 元/斤×0.3 斤 = 0.9 元；鸡蛋一个 0.6 元；葱、姜、蒜、料酒、味精、嫩肉粉等合计 4 元。

核算：用料共计 27.63 元；成品共出 10 份。本菜与肉菜之比为 1:3；成品出菜每份毛料重 6 两。单份成本 2.77 元。

售价：3 元/份。

4. 锅塌豆腐

主料：北豆腐 2.1 元/斤×6 斤 = 12.6 元。

辅料：鸡蛋×0.6 元/个×2 个 = 1.2 元；面粉 1.6 元/斤×1 斤 = 1.6 元；色拉油 5.6 元/斤×1 斤 = 5.6 元；青蒜 1 元/斤×1 斤 = 1 元。

调料：酱油 2.8 元/斤×0.2 斤 = 0.56 元；葱、姜、蒜、大料、鸡精、水、淀粉等 4 元。

核算：用料共计 26.56 元；成品出 10 份，单份成本 2.66 元。

售价：3 元/份。

第三节　食堂财务报表

　　财务报表是反映食堂成本状况的一个重要体现，它不仅是每月财务人员的一张核算报表，而且还是食堂管理人员的决策调整依据。作为食堂管理人员，不仅要会读懂它，而且要会使用它，要善于通过每月食堂的财务报表了解当月的经营状况和财务状况，以便于及时调整工作策略和管理策略。因此，财务报表也是食堂日常管理中的重要工具和内容。

　　食堂财务报表主要包括库房盘存表、食堂损益表和资金平衡表等，见表 5-1 ~ 表 5-3。库房盘存表由食堂库管员提供；食堂损益表和资金平衡表则由食堂会计来完成。食堂财务的两个关注点是：收入和支出。收入是指食堂所有收入，包括现金收入、IC 卡收入、饭票收入、客饭收入、饭补收入以及炊事员饭费收入等，如果个别食堂把管理费收入纳入伙食之中，也包括管理费收入。支出是指食堂当月用于伙食的各项支出，而核算支出则要按照一个基本算法来实现，这个算法就是：上月库存（期初库存）加当月支出减月底库存（期末库存）等于实际支出。总收入减去实际支出就等于当月盈亏。食堂损益表反映了食堂当月所有收入和当月所有支出，并且得出当月盈亏结果。资金平衡表反映了食堂的银行存款、库存现金、饭票发行、IC 卡值以及累积盈余等货币资金的数据。收方与付方通过数据反映达到平衡即叫做资金平衡表。

表 5-1　食堂损益表

项　目	金额/元	项　目	金额/元
本期收回内部钱票		本期主食支出	
本期收回外场钱票		本期副食支出	
本期现销收入		本期其他支出	
IC 卡采集收入			
本期客饭收入			
炊事员饭费收入			
本期其他收入			
		加期初盘存（仓库＋食堂）	
		减期末盘存（仓库＋食堂）	
本期亏损		本期盈余	
合计		合计	

表 5-2　食堂资金平衡表

项　目	金额/元	项　目	金额/元
库存内部钱票		内部钱票发行	
库存外部钱票		外部钱票发行	
本期物资盘存（仓库＋食堂）		IC 卡值	
银行存款		管理费	
库存现金		银行利息	
		职工餐补款	
		累积盈余	
		其中：本期盈余或亏损	
合计		合计	

表 5-3　食堂库房盘存表

年　　月　　日

序号	品名	单位	数量	单价/元	金额/元
1	富强粉	公斤	100	3.2	320
2	大米	公斤	100	3.6	360
3	黄豆	公斤	50	5.2	260
4	绿豆	公斤	20	16	320
5	小米	公斤	20	4.2	84
6	标准粉	公斤	50	2.4	120
7	玉米面	公斤	20	2.4	48
8	棒渣米	公斤	20	3.6	72
9	黄豆面	公斤	10	9	90
10	大米面	公斤	5	8	40
	合计				1714

第六章

企事业单位员工食堂日常食谱及简易快餐

一、猪肉类

红烧肉 腐乳肉 蒸松肉 酱汁肉 米粉肉 回锅肉 木须肉 葱爆肉 拆骨肉 软炸肉 盐煎肉 红烧排骨 蘸汁排骨 清炖排骨 粉蒸排骨 豉汁排骨 糖醋排骨 莲藕排骨 土豆排骨 芋头排骨 鸡蛋炖肉 回锅肉 荤素扣肉 梅菜扣肉 芽菜扣肉 栗子烧肉 土豆炖肉 薯粉炖肉 海带炖肉 西芹腊肉 尖椒腊肉 回锅腊肉 南煎丸子 龙眼丸子 焦熘丸子 果汁丸子 糖醋丸子 四喜丸子 红烧丸子 珍珠丸子 酸汤丸子 白菜粉丝汆丸子 冬瓜汆丸子 鱼香肉丝 香辣肉丝 榨菜肉丝 芫爆肉丝 双冬肉丝 滑熘肉片 软熘肉片 焦熘肉片 水煮肉片 糖醋肉片 麻辣肉片 香菇肉片 鱼香肉片 鱼香肉丝 火锅肥肠 干锅肥肠 焦熘肥肠 爆炒肝尖 爆两样 鱼香肝尖 卤煮火烧 清炖吊子 炒肝

二、禽肉类

红烧鸡块　泡椒鸡块　香菇鸡块　清炖鸡块　咖喱鸡块　香酥鸡腿　软炸鸡腿　红油鸡腿　宫保鸡丁　南炒鸡丁　泡椒鸡丁　辣子鸡丁　酱爆鸡丁　鱼香鸡片　香菇鸡片　软熘鸡片　姜芽炒鸡片　西芹炒鸡柳　麻仁鸡条　鱼香鸡条　蚝油鸡条　香仁鸡条　豉香鸡条　盐焗鸡条　软炸鸡条　北菇蒸滑鸡　香辣炒仔鸡　香菇炖老鸡　啤酒鸭　香酥鸭　泡椒鸭块　葱爆鸭脯

三、牛肉类

红烧牛肉　红烩牛肉　番茄牛肉　咖喱牛肉　清炖牛肉　蚝油牛肉　黑椒牛柳　杭椒牛柳　豉椒牛柳　山药炖牛腩　萝卜炖牛腩　土豆炖牛腩　红烧牛尾

四、羊肉类

红烧羊肉　红焖羊肉　葱爆羊肉　孜然羊肉　酸汤羊肉　手抓羊肉　清炖羊排　红焖羊排　红炖羊蝎子　清炖羊蝎子　清炖羊杂　红焖羊杂　红焖羊头肉

五、水产类

红烧罗非鱼　红烧鲤鱼块　红烧平鱼　红烧带鱼　酥炸马面鱼　红烧鲅鱼　糖醋黄鱼块　火锅鱼　酥炸带鱼　干烧平鱼　醋熘鱼块　馋嘴鱼　干烧黄鱼　胡辣鱼条　豆豉罗非鱼　椒盐鱼块　㑇炖鱼　鱼烧豆腐、辣烤鱼块

六、豆腐类

肉末烧豆腐　素烧豆腐　虾酱烧豆腐　豆泡烧白菜　麻婆豆腐　虾籽烧豆腐　鲜蘑烧豆腐　宫爆豆腐丁　白菜熬豆腐　卤煮豆泡　雪菜烧豆腐　肉末酸菜冻豆腐　锅塌豆腐　砂锅豆腐　蟹黄焗豆花　西红柿烧豆腐　家常豆腐　醋椒豆腐　豌豆烩豆腐　鲍汁烧豆腐　鱼香豆腐　鸡米豆花　肉末芽菜豆花　干爆豆腐　酸汤豆腐圆

七、蔬菜类

大白菜：肉片炒白菜　肉末白菜粉　肉炒熏干白菜　肉末烧白菜　炝炒白菜　素熬白菜　素炒白菜　醋熘白菜　醋椒白菜　酸辣白菜　粉丝熬白菜　面筋熬白菜　粉条炖白菜　口蘑烧白菜　细粉炒白菜　川汁烧白菜　丸子炖白菜　炖肉烧白菜

圆白菜：肉片青椒圆白菜　肉末粉丝圆白菜　火腿圆白菜　肉炒圆白菜　炝炒圆白菜　醋熘圆白菜　酸辣圆白菜　青椒圆白菜　番茄圆白菜　粉丝圆白菜　木耳圆白菜

土豆：猪肉炖土豆　牛肉烧土豆　鸡块炖土豆　鸭块炖土豆　肉片烧土豆　肉片扁豆炖土豆　干煸土豆条　素烧土豆条　香辣土豆条　椒油土豆丝　尖椒土豆丝　酸辣土豆丝　青椒土豆片　番茄土豆片　酱爆土豆丁　宫爆土豆丁　咖喱土豆丁　土豆炒三丁

冬瓜：肉片烧冬瓜　肉片汆冬瓜　丸子炖冬瓜　上汤熬冬瓜　海米熬冬瓜　素烧冬瓜　红根炖冬瓜　醋椒烧冬瓜

西红柿：鸡蛋西红柿　牛肉西红柿　鱼炖西红柿　素炒西红柿　西红柿炒茄丁　西红柿烧豆腐

茄子：肉片烧茄子　肉末炒茄丝　肉片炒茄块　烧地三鲜　素烧茄子　清酱茄子　酱烧茄子　家常茄丁　鱼香茄条　柳溪茄块

青椒：肉片炒青椒　肉馅酿青椒　鲜鱿炒青椒　鸡蛋炒青椒　豆干炒青椒　素炒青椒

尖椒：虎皮尖椒　肉丝尖椒　红焖尖椒　素炒尖椒

芹菜：肉丝炒芹菜　肉片白干炒芹菜　椒油炒芹菜　海米炒芹菜　肉炒干丝芹菜　酸辣芹菜　素炒芹菜

油菜：蒜茸油菜　海米油菜　炝炒油菜　香菇油菜　素烧油菜　双冬油菜

小白菜：鸡蛋小白菜　肉末小白菜　粉丝小白菜　椒油小白菜　面筋小白菜　炝炒小白菜　豆腐小白菜

西葫芦：肉片西葫芦　椒油西葫芦　鸡油西葫芦　醋椒西葫芦　枸杞西葫芦　木须西葫芦　蒜蓉西葫芦

扁豆：肉片焖扁豆　蒜蓉焖扁豆　干煸四季豆　土豆焖扁豆

豇豆：肉片炒豇豆　广肠泡椒豇豆　肉末酸豇豆　素炒豇豆　腊肉炒豇豆

洋葱：肉片炒洋葱　腊肉炒洋葱　鸡蛋炒洋葱　蚝油炒洋葱

青笋：肉片炒青笋　腊肉炒青笋　培根炒青笋　广肠炒青笋　鸡蛋炒青笋　木耳炒青笋　椒油炒青笋　蒜茸炒青笋

菠菜：鸡蛋炒菠菜　粉丝炒菠菜　薯粉炖菠菜　肉片木耳炒菠菜　蒜茸菠菜　上汤熬菠菜

蒜苗：肉丝炒蒜苗　腊肉炒蒜苗　鸡蛋炒蒜苗　蹄花炒蒜苗　素炒蒜苗

菜花：肉片菜花　番茄菜花　香辣菜花　木耳菜花　炝炒菜花

萝卜：羊汤炖萝卜　海米烧萝卜　肉片汆萝卜　肉烧小萝卜　上汤炖萝卜　酸辣萝卜粉　椒油萝卜粉　三鲜萝卜丸　醋椒小萝卜　香辣萝卜丁

豆芽：椒油豆芽　炝炒豆芽　青韭豆芽　肉丝炒豆芽　粉丝炒豆芽

酸白菜：酸菜炖肉　酸菜白肉　酸菜排骨　酸菜鸡块　酸菜炖粉条　酸菜冻豆腐　老汤烩酸菜

莲藕：肉片炒莲藕　绿豆猪骨炖藕　麻仁脆藕　醋椒藕片　鱼香藕丁　腐乳鲜藕片　糖醋藕片

白薯：炸薯条　酱爆薯丁　粉蒸白薯

南瓜：肉炒南瓜　粉蒸南瓜　咸蛋黄焗南瓜　黄酱炒南瓜　冰糖红枣蒸南瓜　辣炒南瓜丁

海带：肉炖海带　椒油海带　老汤炖海带

蘑菇：肉片鲜蘑　五彩鲜蘑　素烩鲜蘑　鱼香鲜蘑

八、鸡蛋类

鸡蛋炒红根（胡萝卜）　鸡蛋炒青韭　鸡蛋炒尖椒　鸡蛋炒番茄　鸡蛋炒黄瓜　鸡蛋炒时菜　臊子蒸蛋

九、其他类

肉片烧双冬　炒荤素　肉末烩豌豆　肉片烧木耳　东北炖菜　肉炒三丁　素炒三丁　咖喱三丁　肉片炒腐竹　蒜茸空心菜　炝炒蒿子秆　蒜茸木耳菜　肉片佛手瓜　肉片炒瓟瓜

第二节　食堂每周菜谱推荐

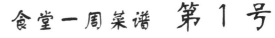

食堂一周菜谱 **第 1 号**

星期一

豆泡红烧肉　红烧鸡丸　鱼香肉丝　肉片番茄洋葱

麻婆豆腐　肉末酸菜粉　肉片西葫芦　鸡汁小白菜

星期二

酱爆肉丁　红烧鸡块　浇汁海鱼　肉片青笋

鸡蛋西红柿　肉片烧土豆　白菜炖粉条　海米油菜

星期三

木须肉　土豆炖肉　酥炸鸡腿　肉末萝卜粉

麻婆豆腐　肉片烧冬瓜　青椒圆白菜　椒油土豆丝

星期四

红烧丸子　鱼香鸡片　香菇肉丝　肉炒白干芹菜

肉末黄豆雪菜　肉片菜花　焦炒豆腐　醋椒炒白菜

星期五

水煮肉片　南煎丸子　咖喱牛肉　肉片炒洋葱

肉炒三丁　肉末烧豆腐　木耳圆白菜　莲藕西兰花

食堂一周菜谱 第2号

星期一

红烧排骨　肉丝冬笋　蚝油鸡条　鱼块炒青椒
麻婆豆腐　肉炒三丁　椒油西葫芦　粉丝圆白菜

星期二

宫保鸡丁　羊排炖萝卜　红烧双圆　肉烧冬瓜丁
素烧地三鲜　家常烧豆腐　椒油海带丝　鸡汁葫芦片

星期三

北菇蒸滑鸡　菠萝古老肉　回锅腊肉　肉末烧豆腐
肉炒白菜粉　肉熘白玉片　青椒土豆片　蒜苴油菜

星期四

白菜粉丝汆丸子　海带炖肉　豆瓣鱼　肉片烧土豆
肉熘瓜片　肉片炒青笋　红根炖冬瓜　清酱茄子

星期五

五彩鸡丝　荤素扣肉　辣子肉丁　素烧茄子
腊肉炒洋葱　干煸土豆条　粉丝炒菠菜　木耳炒青笋

食堂一周菜谱 **第3号**

星期一

豆泡炖排骨　简易麻辣烫　肉丝炒蒜苗　辣炒三丁
肉片菜花　肉炒白干芹菜　虎皮尖椒　手撕圆白菜

星期二

泡椒鸡丁　木须肉　龙眼丸子　肉末小白菜粉
肉片炒青椒　家常烧豆腐　粉蒸红薯　蒜茸油菜

星期三

荔枝酥肉　四喜丸子　猪肉炖粉条　木须青笋
广肠炒盖菜　肉末炒三丁　椒油土豆丝　粉蒸南瓜

星期四

水煮肉片　土豆烧牛肉　南炒鸡丁　炒荤素
鸡蛋炒红根　肉末白菜粉　口蘑烧白菜　家常炒茄丁

星期五

红烧罗非鱼　糖醋肉片　鱼香肉丝　虾酱烧豆腐
肉片炒洋葱　肉末白菜粉　木耳炒山药　手撕圆白菜

食堂一周菜谱 第4号

星期一

红烧鸡块　酱爆肉丁　回锅腊肉　肉片烧木耳
东北乱炖　肉炒三丁　双冬油菜　酸辣粉

星期二

蚝油鸡片　肉炖海带　红烩牛肉　麻婆豆腐
烧烩鲜蘑　肉末萝卜粉　青椒土豆片　醋烹豆芽

星期三

荤素扣肉　粉丝酸菜鱼　软熘肉片　肉片炒菜花
肉丝蒜苗　锅塌豆腐　酱焖茄丁　蒜茸油菜

星期四

红烧丸子　芹黄小炒肉　粉蒸排骨　腊肉炒洋葱
青笋炒鸡蛋　尖椒炒肉丝　咖喱素三丁　酸辣圆白菜

星期五

香菇鸡片　猪肉炖粉条　红焖羊排　肉片烧茄子
干煸土豆条　肉丝香干芹菜　粉丝小白菜　椒油海带丝

食堂一周菜谱 **第5号**

星期一

泡椒鸭块　　烧汁鸡片　　龙眼丸子　　肉片炒青笋

家常烧豆腐　　肉末菠菜粉　　豆干炒青椒　　粉丝小白菜

星期二

土豆烧牛肉　　醋椒酥肉　　双冬肉丝　　鸡蛋西红柿

肉炒白干芹菜　　肉末酸菜冻豆腐　　青椒土豆片　　素烧冬瓜

星期三

北菇蒸滑鸡　　葱爆肉片　　猪肉炖海带　　肉烧小萝卜

腊肉炒蒜苗　　咖喱肉三丁　　椒油青瓜片　　木耳炒白菜

星期四

鸡蛋炖肉　　木须肉　　鱼香肉丝　　羊汤炖萝卜

肉末酸菜粉　　肉片炒菜花　　醋椒豆腐　　小白菜粉

星期五

米粉肉　　龙眼丸子　　菠萝古老肉　　宫爆豆腐丁

地三鲜　　肉片炒芹菜　　粉丝圆白菜　　酸辣粉

食堂一周菜谱 第6号

星期一

糖醋海鱼　莲藕炖腔骨　辣子鸡丁　肉末白菜粉

肉片炒洋葱　肉熘萝卜片　粉蒸白薯　炝炒圆白菜

星期二

酱爆鸡丁　四喜丸子　尖椒腊肉　肉丝蒜苗

麻婆豆腐　肉烧木耳　老汤冬瓜丁　醋熘白菜

星期三

炒肝　木须肉　红烧丸子　炒荤素

肉末烧豆腐　肉片炒洋葱　酱烧小土豆　手撕圆白菜

星期四

青椒炒鸡片　腊八豆炒腊肉　龙眼丸子　肉片炒芹菜

鸡蛋西红柿　锅塌豆腐　素烩鲜蘑　椒油土豆丝

星期五

荤素扣肉　萝卜炖牛腩　京酱肉丝　肉片炒青笋

鱼香长茄　卤煮豆泡　老汤烧冬瓜　木耳烧白菜

食堂一周菜谱 **第7号**

星期一

红烧罗非鱼　川味土豆鸡块　芫爆双丝　肉炒三丁

家常烧豆腐　肉末萝卜粉　榨菜圆白菜　醋椒白菜

星期二

猪肉炖粉条　泡椒鸭块　焦熘肉片　干煸土豆条

鸡蛋红根丝　肉片炒洋葱　木耳烧白菜　青韭烹豆芽

星期三

粉蒸排骨　白菜粉丝氽丸子　南炒鸡丁　烧地三鲜

肉片烧土豆　虾酱烧豆腐　老汤冬瓜丁　香菇炒油菜

星期四

三丁烩鸡丸　魔芋烧鱼块　肉熘萝卜片　宫爆豆腐丁

鸡蛋木耳菠菜　椒盐薯条　老汤炖海带　虾皮炒油菜

星期五

咖喱肉丁　龙眼丸子　酱汁肉　肉丝青椒

鱼香茄条　肉片烩鲜蘑　椒油青瓜片　酸辣粉

食堂一周菜谱 **第8号**

星期一

红烧鸡块　　浇汁海鱼　　烤肉洋葱　　肉炒芹菜

肉氽冬瓜　　麻婆豆腐　　粉蒸南瓜　　面筋油菜

星期二

酱爆鸡丁　　梅菜扣肉　　粉丝酸菜鱼　　肉末萝卜粉

家常豆腐　　东北炖菜　　青椒土豆片　　土豆炖白菜

星期三

红烧双圆　　五彩鸡片　　芹黄肉丝　　肉片烧土豆

茄干炖猪肉　　鸡蛋炒青椒　　鸡汁烧萝卜　　鱼香藕丁

星期四

山药烧排骨　　葱爆拆骨肉　　醋椒熘肉片　　肉片木耳洋葱

肉末白菜粉　　肉片炒青笋　　宫爆土豆丁　　醋椒烧冬瓜

星期五

荤素扣肉　　泡椒鸭块　　香菇肉片　　肉炒芹菜

肉片炒蒜苗　　鸡丸烧豆腐　　香辣土豆条　　粉丝小白菜

食堂一周菜谱 第 9 号

星期一

红烩牛肉　烧汁鸡片　熘小丸子　肉末炒茄丁
腊肉炒洋葱　卤煮白菜鸡丸　木耳炒山药　酸辣炒焖子

星期二

土豆烧翅根　青蒜炖酥肉　青椒炒鱼块　肉末烧冬瓜
鸡蛋西红柿　肉末豆丝蒜苗　青椒土豆片　炝炒白菜

星期三

芽菜扣肉　咖喱牛肉　魔芋烧鸭块　肉片白菜炒粉
蚝油豆腐　肉片炖海带　酱爆薯丁　酸辣豆芽

星期四

萝卜炖牛腩　蹄花炒蒜苗　辣子鸡丁　肉片烧土豆
肉片炒洋葱　鸡蛋炒青笋　酱烧小土豆　酸辣圆白菜

星期五

酱烧罗非鱼　炖肉烧萝卜　麻辣鸡片　肉炒莜面片
肉末小白菜粉　肉末冬瓜丁　椒油土豆丝　白菜熬豆腐

食堂一周菜谱 第10号

星期一

果汁海鱼条　啤酒炖鸭块　卤荤素　肉炒三丁
肉片木耳洋葱　肉末萝卜粉　西红柿茄丁　青瓜烩豌豆

星期二

豉汁排骨　香辣肉丝　香菇炖老鸡　鸡蛋西红柿
肉烧白灵菇　土豆烧茄子　酸辣菠菜粉　素烧豆腐

星期三

榨菜肉丝　红炖羊蝎子　猪肉白菜炖粉条　肉熘瓜片
卤煮白菜豆泡　肉末胡萝卜丁　尖椒土豆丝　炝炒油菜

星期四

土豆烧蹄花　芽菜扣肉　鱼香鸡片　卤肉三丁
鸡蛋炒青椒　肉炒干丝芹菜　醋椒豆腐　香辣萝卜丁

星期五

红根炖牛肉　泡椒鸡丁　酸汤丸子　鲜蘑烧豆腐
肉末炒山药　肉丝炒韭黄　醋椒烧白菜　青菜渡面筋

土豆炖鸡块

白菜粉丝汆丸子

龙眼丸子

宫保鸡丁

青椒鸡片

红烧鸡翅

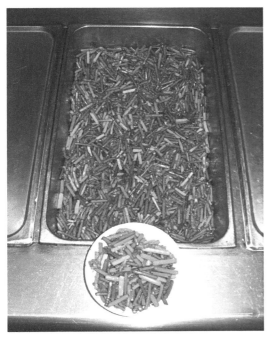

肉丝蒜苗

木须肉

肉片洋葱

肉炒三丁

肉炒香干芹菜

鸡蛋胡萝卜丝

青椒炒肉丝

青瓜白玉片

荤素扣肉

粉蒸红薯

卤肉香菇

豆瓣鱼块

豆泡炖肉

蚝油鸡片

回锅腊肉

豆泡炖排骨

第三节　简易实用快餐的品种及制作

简易实用快餐顾名思义就是在有限的空间和有限的条件下用少量的设备和资金投入便可制作出卫生、安全、方便、快捷、美味、可口的快餐，以便于就餐者在有限的吃饭时间内达到安全、营养、便捷的进餐目的。下面介绍几种简易实用快餐的制作：

一、牛肉饸饹面

主要原料：饸饹面、新鲜牛腩、白萝卜、辣酱（红泡椒＋郫县辣酱绞碎）、葱段、姜片、酱油、料酒、食盐、鸡精、料包（草果、丁香、砂仁、豆蔻、花椒）、香菜、香葱等。重庆火锅调料也可以达到效果。

牛肉汤料制作方法：牛腩切丁，凉水锅内下牛腩，开锅稍煮一下，撇去浮沫，牛肉捞出，汤留备用。另烧锅热，放底油，煸辣酱，出香味后下牛肉煸炒，放葱段、姜片继续煸炒后，放酱油、料酒，加原汤至合适位置下白萝卜片，再放事先准备好的料包烧至肉烂汤香萝卜酥。出锅前撒香菜、香葱末即可。

饸饹面：市场有专用饸饹机，面按 1∶0.45 加水和好后用饸饹机轧出即可，即轧即出，即吃即做，十分方便。没有饸饹机，切面也可。

红汤牛肉饸饹面的最大优点是：操作简便，用料简单，方便易做，汤香面爽，营养丰富，经济实惠。非常适合小型快餐食堂经营制作。除此之外，炖肉面、炖菜面、醋卤面、西红柿鸡蛋面、炸酱面、肉丝面等都是适合快餐食堂的可口食品。

二、卤肉盖饭

主要原料：鲜猪肥瘦肉丁、豆腐、土豆、葱、姜、大料、桂皮、料酒、酱油、腐乳、香叶、糖色等。

制作方法：锅放底油，放大料、糖色、鲜猪肥瘦肉丁大火煸炒，放料酒、葱、姜段、桂皮、腐乳、酱油加汤（一次到位）大火烧开后改文火慢炖。将豆腐切丁过油炸至金黄色下入，土豆切丁过油炸至金黄色，待肉炖至八成熟时倒入炸好的土豆丁并加鸡精适当收汁即可（不可过干）。此菜色泽红润、肉味醇香，配以豆腐、土豆更是营养丰富、口感极佳。盛三两或四两米饭，浇上一份卤肉菜，香喷喷、红润润，是一份上等的可口快餐。

三、炖菜盖饭

主要原料：肥瘦肉片、炸好的肉丸子、土豆、扁豆、粉条、豆腐、白菜、腐乳、葱姜块、大料、干辣椒两三个、胡椒粉、鸡精、食醋等。

制作方法：锅烧热，放底油，加入大料、干辣椒、葱姜，出香味后下肉片，肥瘦肉片煸出油后放入土豆条、扁豆段，煸炒之后放酱油、汤末料、放粉条，豆腐切条放浮头，慢下锅，找咸淡，加入腐乳，锅开后放入炸肉丸子，白菜切块浮头盖，炖熟之后翻匀菜，如果想汤口美味鲜，可以添加鸡精、食醋、胡椒。

此餐营养丰富，荤素兼之，肉香菜全，汤口极佳。碗中盛上米饭，将炖菜连汤带菜盖在饭中，符合食物多样性要求，是道美味可口的上餐。是非常适合秋冬季节的简易快餐。各种熘、炒、炖、烧、烩菜只要汁芡合适均可制作盖饭。

四、饼馍夹肉

主要原料：白面馍饼、猪前后臀尖肉块、香辛料（葱、姜、大料、桂皮、干辣椒、香叶、豆蔻、草果）、酱油、糖色、香菜、香葱、青辣椒等。

制作方法：先将猪前后臀尖切成半斤左右块状，凉水下锅焯一下捞出，放糖色、香辛料、酱油等煸炒后制成卤肉汤，将焯好的肉块置入汤中卤成酱肉，肉晾凉后剁碎加酱肉汤配切成碎末的青辣椒、香菜、香葱等制成馍夹肉的熟馅。

馍饼制作方法：用富强粉按比例配好发酵粉，掺入少量面肥、食碱等发酵后制成面团，烙成面饼。可一两，可二两，根据需求而定。

将烙好的面饼横面剖开将制好的熟肉馅置入夹好，一个美味可口、营养丰富的饼馍夹肉就制好了。再配以玉米面粥一碗，一道方便快捷、营养可口的快餐就呈现在忙忙碌碌、吃饭时间很短的顾客面前。此餐制作方法简单，先期加工时间充裕，只要把好食品卫生关，做好生熟分开工作，便能成为一道实用便捷的快餐。

五、包子、米粥

在日常伙食中，各种包子确实承担着快餐的角色，它因加工简单、美味可口、营养丰富、方便快捷而深受广大就餐者喜爱。比如，猪肉大葱馅包子、猪肉茴香馅包子、猪肉萝卜馅包子、猪肉白菜馅包子、牛肉胡萝卜馅包子、虾皮韭菜馅包子、鸡蛋西葫芦馅包子等。各种蔬菜配以肉馅均可制作包子，再配以大米粥、小米粥、棒渣粥、玉米面粥等（上述粥中还可配以南瓜、白薯等同煮更好），便可成为一份可口的快餐。大馅包子配米粥，粥香馅美有稀稠，经济、实惠加便捷，只要做得好，质量高，就一定深受广大食客欢迎。但任何东西要想经久不衰，质量是前提。面要白暄，馅要香鲜，薄皮大馅，褶匀个端，这样的包子才能人见人爱。

以上介绍的五种简易快餐，比较适合食堂快餐的要求，符合快餐特点，当然，条件好的食堂和高水平的厨师还可以开发更多更好的快餐品种。但是，作为一些设备简陋、条件较差的单位，一些条件艰苦的食堂，若想把食堂伙食搞好，若想在少量的投入下取得较好的餐饮效果，就要在现有条件下，在安全、卫生、快捷、实惠、美味、可口上下工夫，搞好食堂伙食，为企业员工提供美味可口的饭菜，使他们无后顾之忧地全身心地投身于本职工作之中，创造更大的社会效益，为企业贡献更大的力量。

第七章

企事业单位员工食堂
常用主食制作与价格

作为企事业单位员工食堂，每天所供应的主食应该是食堂伙食中最重要内容之一，它区别于酒楼、饭店以及街头餐馆等以菜为主、主食为辅的特点，而是主食与副食相互搭配、互为补充的关系，是员工每餐摄入的主要食物来源之一。因此，作为食堂，每天不仅要做好大锅菜，而且更要做好主食。为此，本书作者根据多年的工作经验，共收集整理了食堂日常所制作的四十余种主食并且以图片加文字的形式基本描述了这些主食的制作方法、步骤以及配料配方，而且还将每一项的原料成本价格——标注在每一个主食制作配方里，从而将每一个主食的制作成本、售卖价格标注清楚。使用者可根据本书所提供的各种信息并结合现时食品原料及各项成本的实时价格进行成本核算，从而达到食品质量的稳定性和成本核算的准确性。本书所提供的各种主食配方及原料价格实际上也是一种动态的核算公式。无论到什么时候，无论哪个原料成本市场价格发生了变化，只要相应的变动所变化的价格，其成本核算也就一目了然了。

第一节　蒸炸类主食的制作与价格核算

蒸炸类主食主要包括米饭、馒头、麻酱花卷、豆包、玉米面发糕、玉米面枣发糕、小肉包子、白面蒸饼、开花馒头、果酱包、紫米面枣发糕、奶黄包、白面发糕、小枣豆沙包、肉丁馒头、大馅包子、肉龙、鸡蛋韭菜素馅包子、紫米枣切糕、炸油饼等。以下是其具体制作料单及价格。

一、米饭

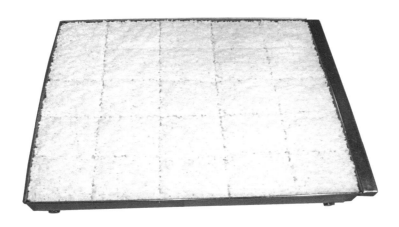

米饭

选用优质东北粳米按1∶0.95比例，即1斤米配0.95斤水。具体做法：取粳米5斤投洗干净后置于专用米饭盘中平铺并将4.7斤配水均匀置入，米饭盘水平置于蒸箱内旺火蒸40min即可熟透，再用专用米饭刀将蒸好后的米饭切割成25块，每块2两，价格根据米的进价核算而定。米饭特点：软硬适度，米香醇厚，滑爽可口。

制作中的米饭

二、馒头

富强粉馒头

　　取上等富强粉（古船面粉）配以安琪发酵粉按 1∶0.02 配比，然后与温水 1∶0.6 比例和面制成馒头面坯，每个面坯 2.8 两。再用 40℃饧箱进行饧发，待馒头面坯充分发起后，上蒸箱旺火蒸 28min 即可。刚蒸熟的馒头分量应在 2.8～3 两之间。售价根据面粉进价加发酵粉等辅料核算而定。

馒头制作

馒头饧发

三、麻酱花卷

麻酱花卷

主料：富强粉1.2元/斤×10斤＝12元；发酵粉14元/斤×0.2斤＝2.8元；泡打粉3.1元/斤×0.1斤＝0.31元；温水6斤制成水面。

辅料：麻酱6元/斤×1斤＝6元。

调料：盐1元/斤×0.15斤＝0.15元。

核算：共计21.26元，出成品120个，成本为0.18元/个；每个生剂1.4两。

售价：0.25元/个。

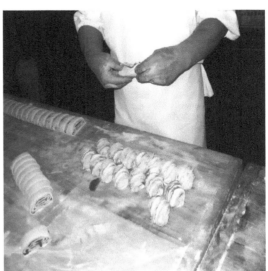

花卷制作

四、豆包

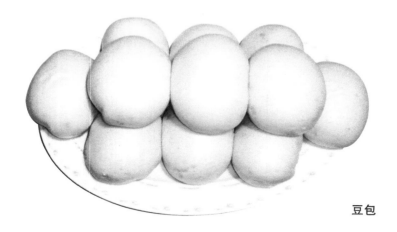

豆包

制面：富强粉 1.2 元/斤×10 斤＝12 元；发酵粉 14 元/斤×0.18 斤＝2.52 元；面干 1.2 元/斤×0.5 斤＝0.6 元；加水 5 斤制成水面。

制馅：红小豆 3.6 元/斤×4 斤＝14.4 元；桂花 6 元/斤×0.5 斤＝3 元；红糖 2.6 元/斤×2 斤＝5.2 元；色拉油 6.5 元/斤×0.5 斤＝3.25 元；蒸烂炒熟制馅。

核算：共计 40.97 元，出成品 146 个，成本为 0.29 元/个；每水面剂 1 两，馅 0.7 两。

售价：0.40 元/个。

制作中的豆包

五、玉米面发糕

玉米面发糕

主料：面肥 0.9 元/斤 ×9 斤 =8.1 元；玉米面 1 元/斤 ×4 斤 =4 元；碱面 2 元/斤 ×0.05 斤 =0.1 元；发酵粉 14 元/斤 ×0.3 斤 =4.2 元。

调料：白糖 3 元/斤 ×2 斤 =6 元。

核算：共计 22.40 元，出成品 100 块，成本为 0.23 元/块。

售价：0.30 元/块。

制作中的玉米面发糕

六、玉米面枣发糕

玉米面枣发糕

主料：面肥 0.9 元/斤 ×9 斤 = 8.1 元；玉米面 1 元/斤 ×4 斤 = 4 元；碱面 2 元/斤 ×0.05 斤 = 0.1 元；发酵粉 14 元/斤 ×0.3 斤 = 4.2 元。

调料：白糖 3 元/斤 ×2 斤 = 6 元。

辅料：大枣 4.2 元/斤 ×5 斤 = 21 元。

核算：共计 43.40 元，出成品 100 块，成本为 0.44 元/块。

售价：0.50 元/块。

制作中的玉米面枣发糕

七、小肉包子

小肉包子

制面：富强粉 1.2 元/斤 × 10 斤 = 12 元；发酵粉 14 元/斤 × 0.2 斤 = 2.8 元；苏打 1 元/斤 × 0.08 斤 = 0.08 元；面干 1.2 元/斤 × 0.5 斤 = 0.6 元；加水 5.5 斤制成水面。出 210 个；每个水剂 0.7 两。面成本 15.48 元。

制馅：鲜肉馅 10.5 元/斤 × 5 斤 = 52.5 元；净大葱 2.5 元/斤 × 2.5 斤 = 6.25 元；鲜姜 3 元/斤 × 0.07 斤 = 0.21 元；香油 14 元/斤 × 0.1 斤 = 1.4 元；色拉油 6.5 元/斤 × 0.14 斤 = 0.91 元；味精 10 元/斤 × 0.03 斤 = 0.3 元；精盐 1 元/斤 × 0.14 斤 = 0.14 元；老抽酱油 4 元/斤 × 0.6 斤 = 2.4 元；打水 2.5 斤；出水馅 11.3 斤；水馅成本 64.11 元。

核算：共计 79.59 元，出成品 210 个，成本为 0.38 元/个。

售价：0.40 元/个。

八、白面蒸饼

主料：富强粉 1.2 元/斤 × 10 斤 = 12 元；发酵粉 14 元/斤 × 0.2 斤 = 2.8 元；面干 1.2 元/斤 × 0.8 斤 = 0.96 元；凉水 7 斤和面。

调料：盐 1 元/斤 × 0.18 斤 = 0.18 元；色拉油 6.5 元/斤 × 0.15 斤 = 0.98 元。

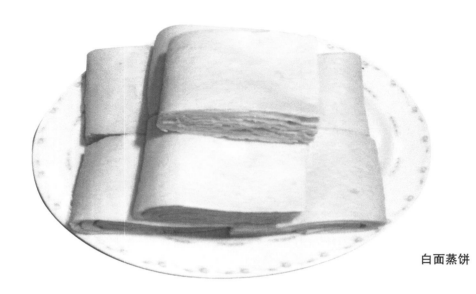

白面蒸饼

核算：共计 16.92 元，出成品 16 张，每张 4 块，成本为 0.27 元/块；每个水面剂 1.12 斤。

售价：0.30 元/块。

制作中的蒸饼

九、开花馒头

开花馒头

　　皮面：富强粉 1.2 元/斤 ×4.5 斤 =5.4 元；面肥 0.9 元/斤 ×3.5 斤 =3.15 元；苏打 1 元/斤 ×0.02 斤 =0.02 元；发酵粉 14 元/斤 ×0.08 斤 =1.12 元；白糖 3 元/斤 ×0.7 斤 =2.1 元；用水 2.3 斤制成水面。

　　馅面：富强粉 1.2 元/斤 ×2 斤 =2.4 元；面肥 0.9 元/斤 ×1.4 斤 =1.26 元；苏打 1 元/斤 ×0.02 斤 =0.02 元；发酵粉 14 元/斤 ×0.06 斤 =0.84 元；红糖 3 元/斤 ×2 斤 =6 元；用水 1 斤；面干 1.2 元/斤 ×0.5 斤 =0.6 元。

　　核算：共计 22.91 元，出成品 100 个，成本为 0.23 元/个；每个生剂 1.5 两。
　　售价：0.35 元/个。

十、果酱包

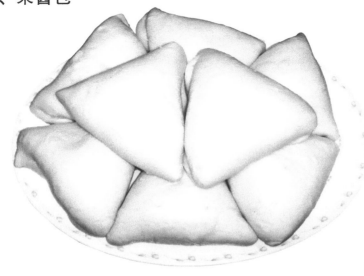

果酱包

主料：富强粉 1.2 元/斤 × 10 斤 = 12 元；发酵粉 14 元/斤 × 0.2 斤 = 2.8 元；加水 5 斤制成水面。

辅料：果酱 4.5 元/斤 × 2.8 斤 = 12.6 元。

核算：共计 27.40 元，出成品 110 个，成本为 0.25 元/个；每个生面剂 0.14 斤，果酱 0.25 两。

售价：0.30 元/个。

制作中的果酱包

十一、紫米面枣发糕

紫米面枣发糕

主料：紫米面 2.8 元/斤 × 5 斤 = 14 元；富强粉 1.2 元/斤 × 5 斤 = 6 元；发酵粉 14 元/斤 × 0.16 斤 = 2.24 元；面肥 0.9 元/斤 × 7 斤 = 6.3 元；碱面 2 元/斤 × 0.04 斤 = 0.08 元。

辅料：大枣 4.2 元/斤 × 5 斤 = 21 元。

调料：白糖 3 元/斤 × 2.6 斤 = 7.8 元。

核算：共计 57.42 元，出成品 100 块，成本为 0.58 元/块。

售价：0.70 元/块。

十二、奶黄包

奶黄包

制面：雪花粉 1.7 元/斤 × 10 斤 = 17 元；发酵粉 14 元/斤 × 0.2 斤 = 2.8 元；面干 1.7 元/斤 × 0.5 斤 = 0.85 元；用水 5 斤制成水面。

制馅：鸡蛋 5 元/斤 × 4 斤 = 20 元；白糖 3 元/斤 × 3.2 斤 = 9.6 元；炼乳 7 元/斤 × 0.8 斤 = 5.6 元；黄油 8.5 元/斤 × 0.4 斤 = 3.4 元；吉士粉 8.3 元/斤 × 0.4 斤 = 3.32 元；香精 10 元/斤 × 0.05 斤 = 0.5 元。

核算：共计 63.07 元，出成品 120 个，成本为 0.53 元/个；每个生面剂 0.12 斤，馅 0.6 两。

售价：0.55 元/个。

十三、白面发糕

白面发糕

主料：富强粉 1.2 元/斤×10 斤 = 12 元；发酵粉 14 元/斤×0.2 斤 = 2.8 元；苏打 1 元/斤×0.05 斤 = 0.05 元。

调料：白糖 3 元/斤×2 斤 = 6 元。

辅料：青红丝 3 元/斤×0.5 斤 = 1.5 元。

核算：共计 22.35 元，出成品 100 块，成本为 0.23 元/块。

售价：0.30 元/块。

十四、小枣豆沙包

小枣豆沙包

制面：雪花粉 1.7 元/斤 × 10 斤 = 17 元；发酵粉 14 元/斤 × 0.2 斤 = 2.8 元；白糖 3 元/斤 × 0.4 斤 = 1.2 元；用水 5.5 斤和成水面；另备面干 1.7 元/斤 × 0.5 斤 = 0.85 元。

制馅：红小豆 3.2 元/斤 × 4 斤 = 12.8 元；无核小枣 5.5 元/斤 × 2 斤 = 11 元；白糖 3 元/斤 × 3 斤 = 9 元；桂花 10 元/斤 × 0.3 斤 = 3 元；色拉油 6.5 元/斤 × 0.8 斤 = 5.2 元。

核算：共计 62.85 元，出成品 140 个，成本为 0.45 元/个；每个和水面皮 0.1 斤，成馅 0.07 斤。

售价：0.55 元/个。

十五、肉丁馒头

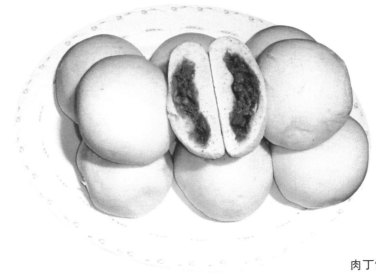

肉丁馒头

制面：富强粉 1.2 元/斤 × 10 斤 = 12 元；发酵粉 14 元/斤 × 0.2 斤 = 2.8 元；泡打粉 3 元/斤 × 0.2 斤 = 0.6 元；用水 5.5 斤制成水面。

制馅：去皮净五花肉 9 元/斤 × 4 斤 = 36 元；甜面酱 4 元/斤 × 1 斤 = 4 元；冬笋 4 元/斤 × 0.7 斤 = 2.8 元；精盐 1 元/斤 × 0.15 斤 = 0.15 元；白糖 3 元/斤 × 0.2 斤 = 0.6 元；鲜姜 3 元/斤 × 0.15 斤 = 0.45 元；鸡精 14 元/斤 × 0.05 斤 = 0.70 元；净大葱 2 元/斤 × 1.5 斤 = 3 元；香油 14 元/斤 × 0.1 斤 = 1.4 元。

核算：共计 64.5 元，出成品 105 个，成本为 0.62 元/个；每个生面剂 0.14 斤，水馅 0.06 斤。

售价：0.70 元/个。

十六、大馅包子

大馅包子

制面：富强粉 1.2 元/斤 × 10 斤 = 12 元；发酵粉 14 元/斤 × 0.2 斤 = 2.8 元；面干 1.2 元/斤 × 0.5 斤 = 0.6 元；用水 6 斤制成水面。

制馅：肉馅 10.5 元/斤 × 3 斤 = 31.5 元；净菜 2 元/斤 × 9 斤 = 18 元；味精 10 元/斤 × 0.03 斤 = 0.3 元；老抽 4 元/斤 × 0.25 斤 = 1 元；精盐 1 元/斤 × 0.09 斤 = 0.09 元；色拉油 6.5 元/斤 × 1.3 斤 = 8.45 元；鲜姜 3 元/斤 × 0.15 斤 = 0.45 元；综合出馅 13 斤。

核算：共计 75.2 元，出成品 97 个，成本为 0.78 元/个；每个包子皮面 0.14 斤，成馅 0.13 斤。

售价：0.80 元/个。

十七、肉龙

肉龙

制面：富强粉 1.2 元/斤×10 斤＝12 元；发酵粉 14 元/斤×0.2 斤＝2.8 元；碱面 1 元/斤×0.1 斤＝0.1 元；用水 5 斤制成水面。

制馅：肉馅 10.5 元/斤×5 斤＝52.5 元；净葱 2 元/斤×2.5 斤＝5 元；精盐 1 元/斤×0.12 斤＝0.12 元；老抽 4 元/斤×0.8 斤＝3.2 元；香油 14 元/斤×0.2 斤＝2.8 元；鸡精 14 元/斤×0.05 斤＝0.7 元；生姜 3 元/斤×0.1 斤＝0.3 元；打水 2.5 斤。制成水馅 11 斤。

核算：共计 79.52 元，出成品 55 个，成本为 1.45 元/个。

售价：1.6 元/个。

十八、鸡蛋韭菜素馅包子

鸡蛋韭菜素馅包子

制面：富强粉 1.3 元/斤×10 斤＝13 元；发酵粉 14 元/斤×0.2 斤＝2.8 元；面干 1.2 元/斤×0.5 斤＝0.6 元；用水 6 斤制成水面。

制馅：韭菜 1.2 元/斤×18 斤＝21.6 元；去水净出 11 斤；虾皮 8 元/斤×1.3 斤＝10.4 元；（配比 3 比 1）鸡蛋 5 元/斤×4 斤＝20 元；精盐 1 元/斤×0.08 斤＝0.08 元；色拉油 6.5 元/斤×0.8 斤＝5.2 元；鸡精 14 元/斤×0.08 斤＝1.12 元；味精 14 元/斤×0.08 斤＝1.12 元；香油 14 元/斤×0.1 斤＝1.4 元；综合出馅 18 斤。

核算：共计 77.32 元，出成品 105 个包子；每个包子皮面 0.14 斤，成馅 0.17 斤（比例 1 比 1）；成本为 0.74 元/个。

售价：0.80 元/个。

十九、紫米枣切糕

紫米枣切糕

主料：紫糯米 3.2 元/斤×10 斤 = 32 元；江米 3.0 元/斤×15 斤 = 45 元。

辅料：大枣 5.5 元/斤×15 斤 = 82.5 元。

调料：白糖 3 元/斤×5 斤 = 15 元；果料 10 元/斤×5 斤 = 50 元。

核算：共计 224.5 元，出成品 70 斤，成本为 3.3 元/斤。

售价：4 元/斤。

二十、炸油饼

炸油饼

主料：标准粉 1.2 元/斤 × 10 斤 = 12 元；油条精 8 元/斤 × 0.15 斤 = 1.2 元；泡打粉 3 元/斤 × 0.05 斤 = 0.15 元；温水 8 斤制成水面。

调料：盐 1 元/斤 × 0.15 斤 = 0.15 元；色拉油 6.5 元/斤 × 5 斤 = 32.5 元；

核算：共计 46 元，出成品 110 个，成本为 0.42 元/个；每剂 0.16 斤。

售价：0.50 元/个。

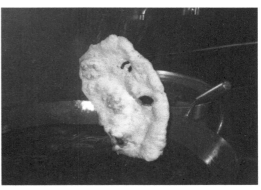

制作中的油饼　　　　　　　　　　　　刚出锅的油饼

第二节　烙烤类主食制作与价格核算

包括芝麻烧饼、家常肉饼、肉末烧饼、鸡蛋夹馍、虎皮蛋糕、肉夹馍、烙饼、水煎包、墩饽饽、糖渣发面饼、椒盐发面饼、麻酱酥、螺丝转等。

一、芝麻烧饼

芝麻烧饼

主料：标准粉 1 元/斤 ×10 斤 =10 元；安琪发酵粉 14 元/斤 ×0.2 斤 =2.8 元；用水 6.5 斤制成水面。

辅料：芝麻 8 元/斤 ×0.5 斤 =4 元；麻酱 5.5 元/斤 ×3 斤 =16.5 元。

调料：盐 1 元/斤 ×0.3 斤 =0.3 元；花椒面 30 元/斤 ×0.1 斤 =3 元。

核算：共计 36.60 元，出成品 90 个，成本为 0.41 元/个。

售价：0.45 元/个。

电饼铛参考温度 230℃，烙 8～10min。

制作中的烧饼

二、家常肉饼

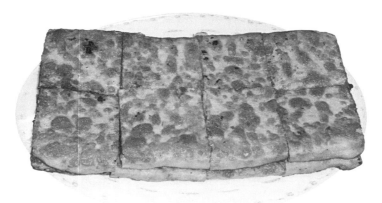

家常肉饼

制面：富强粉 1.2 元/斤 ×10 斤 =12 元；用温水 6.5 斤制成水面；每张饼用 1 斤水面，每斤水面（6 两干面）合 0.72 元。

制馅：鲜猪肉馅 10.5 元/斤 ×6 斤 =63 元；大葱 2.5 元/斤 ×3 斤 =7.5 元；鸡精 14 元/斤 ×0.1 斤 =1.4 元；盐 1 元/斤 ×0.15 斤 =0.15 元；

生姜 3 元/斤 × 0.5 斤 = 1.5 元；胡椒粉 30 元/斤 × 0.05 斤 = 1.5 元；老抽 4 元/斤 × 0.3 斤 = 1.2 元；黄豆酱油 1.4 元/斤 × 1 斤 = 1.4 元；色拉油 6.5 元/斤 × 0.5 斤 = 3.25 元；香油 14 元/斤 × 0.1 斤 = 1.4 元；打水 1.3 斤；总计 82.30 元，出成品馅 13 斤；水馅 6.4 元/斤；每张肉饼水馅 6.4 元 × 7 两 = 4.5 元。

其他：每张肉饼另加 1 元刷油，0.5 元面干。

核算：每张肉饼 6.72 元，一张饼出 8 块，成本为 0.84 元/块。

售价：1 元/块。

使用电饼铛参考温度 180℃。

三、肉末烧饼

肉末烧饼

制面：富强粉 1.20 元/斤 × 10 斤 = 12 元；安琪发酵粉 14 元/斤 × 0.2 斤 = 2.8 元；凉水 4.5 斤和成水面出 140 个面剂；每个面剂 0.1 斤合 0.11 元。

制馅：另取鲜猪肉馅 10.5 元/斤 × 4 斤 = 42 元；冬笋丁 4 元/斤 × 0.7 斤 = 2.8 元；大葱 2.5 元/斤 × 2 斤 = 5 元；盐 1 元/斤 × 0.1 斤 = 0.1 元；生姜 3 元/斤 × 0.2 斤 = 0.6 元；香油 14 元/斤 × 0.2 斤 = 2.8 元；老抽 4 元/斤 × 0.2 斤 = 0.8 元；白糖 3 元/斤 × 0.3 斤 = 0.9 元；色拉油 6.5 元/斤 × 0.3 斤 = 1.95 元；炒熟后制馅 5 斤；每斤 11.4 元；出 140 份；每份馅料 0.035 斤，合 0.40 元。

其他：麻仁 8 元/斤 × 0.8 斤 = 6.4 元；薄面 1.20 元/斤 × 1 斤 = 1.20 元；按 140 个均摊，每个加 0.05 元。

核算：每个烧饼 0.56 元。

售价：0.60 元/个。

烤箱参考温度定在 230℃，烤 25～30min 即可。

四、鸡蛋夹馍

鸡蛋夹馍

　　制面饼：富强粉 1.2 元/斤×10 斤 = 12 元；安琪发酵粉 14 元/斤×0.3 斤 = 4.2 元；苏打 2 元/斤 ×0.1 斤 = 0.2 元；配温水 5.5 斤和好面擀开；刷色拉油 6.5 元/斤×0.5 斤 = 3.25 元；盐 1 元/斤 ×0.3 斤 = 0.3 元；面干 1.2 元/斤×0.5 斤 = 0.6 元；共计 20.55 元，出 95 个面饼；每个水面 0.21 斤，一个面剂合 0.22 元。

　　摊鸡蛋：鸡蛋每个 0.60 元加色拉油 0.35 元。

　　核算：饼、蛋合计 1.17 元/个；

　　售价：1.20 元/个。

　　加工饼馍使用电饼铛参考温度 180 ~ 200℃，3 ~ 5min 即可。

烙面饼

摊鸡蛋

五、虎皮蛋糕

虎皮蛋糕

主料：鸡蛋5元/斤×5斤＝25元；富强粉1.2元/斤×3斤＝3.6元；泡打粉3元/斤×0.05斤＝0.15元。

辅料：果酱4元/斤×1.5斤＝6元；可可粉10元/斤×0.1斤＝1元。

调料：色拉油6.5元/斤×0.2斤＝1.3元；白糖3元/斤×3斤＝9元。

核算：共计46.05元，出成品72块，成本为0.64元/块。

售价：0.70元/块。

烤箱参考温度设在170℃，烤25min即可。

制作中的虎皮蛋糕

六、肉夹馍

肉夹馍

制馍：富强粉 1.2 元/斤×10 斤＝12 元；发酵粉 14 元/斤×0.3 斤＝4.2 元；色拉油 6.5 元/斤×1 斤＝6.5 元；盐 1 元/斤×0.2 斤＝0.2 元；面干 1.2 元/斤×1 斤＝1.2 元；刷油 6.5 元/斤×0.5 斤＝3.25 元；用温水 6.5 斤制成水面。共计 27.35 元，出 110 个，每个馍 0.25 元；水面剂每个 0.14 斤。

酱肉：后尖肉 12 元/斤×8 斤＝96 元；前尖肉 11.5 元/斤×3 斤＝34.5 元；二者制成熟酱肉出 6.5 斤。共 130.5 元，每斤 20.1 元（熟肉）。

配青：净香葱＋香菜＋青辣椒＝（1.2 斤＋1.2 斤＋1.2 斤）×4 元/斤＝14.4 元。

调料：辣椒油、香油、姜末、蒜末共计 8 元。

核算：制馅 130.5 元＋14.4 元＋8 元＝152.9 元，共 10 斤，馅料 15.29 元/斤，每馍夹馅 15.29 元×0.1 斤＝1.53 元/个；饼馍 0.25 元/个；肉夹馍成本为 1.78 元/个。

售价：2 元/个。

加工饼馍使用电饼铛参考温度 180～200℃，3～5min 即可。

七、烙饼

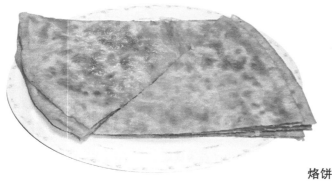

烙饼

制饼：富强粉 1.2 元/斤 × 10 斤 = 12 元；盐 1 元/斤 × 0.16 斤 = 0.16 元；色拉油 6.5 元/斤 × 1 斤 = 6.5 元；面干 1.2 元/斤 × 0.5 斤 = 0.6 元；用温水 8 斤制成水面；共出 7 张饼，每张饼水面 2.4 斤，制熟 1.6 斤。

核算：共计 19.26 元，出成品 7 张，每张 2.8 元；每张饼分 10 块，每块 0.28 元。

售价：0.30 元/块。

电饼铛参考温度 200℃。

制作中的烙饼

八、水煎包

水煎包

制面：富强粉 1.2 元/斤×10 斤=12 元；发酵粉 14 元/斤×0.2 斤=2.8 元；泡打粉 10 元/斤×0.02 斤=0.2 元；加水 5 斤制成水面。制面合计 15 元。

制馅：鲜肉馅 10.5 元/斤×3.2 斤=33.6 元；大葱 2.5 元/斤×1.6 斤=4 元；鲜姜 3 元/斤×0.1 斤=0.3 元；老抽 4 元/斤×0.3 斤=1.2 元；盐 1 元/斤×0.08 斤=0.08 元；香油 14 元/斤×0.05 斤=0.7 元；鸡精 14 元/斤×0.05 斤=0.7 元；打水 2 斤。出馅 7.4 斤合 40.58 元。

辅料：面干 1.2 元/斤×0.5 斤=0.6 元；色拉油 6.5 元/斤×0.8 斤=5.2 元；黑芝麻 10 元/斤×0.2 斤=2 元；辅料 7.8 元。

核算：面、馅、辅料共计 63.38 元，出成品 300 个，成本为 0.22 元/个。

售价：0.90 元/个。

电饼铛参考温度设在 200℃。

九、墩饽饽

墩饽饽

制面饼：富强粉 1.2 元/斤×10 斤=12 元；白糖 3 元/斤×1 斤=3 元；发酵粉 14 元/斤×0.2 斤=2.8 元；色拉油 6.5 元/斤×0.3 斤=1.95 元；用水 6 斤制成水面。

核算：共计 19.75 元，出成品 100 个，成本为 0.20 元/个；每个生面剂 0.17 斤。

售价：0.30 元/个。

电饼铛参考温度设定为 130℃。

十、糖渣发面饼

糖渣发面饼

普面：富强粉 1.2 元/斤×10 斤 = 12 元；发酵粉 14 元/斤×0.25 斤 = 3.5 元；糖渣 4 元/斤×1.5 斤 = 6 元（置面中）；用温水 8 斤制成水面。

酥面：富强粉 1.2 元/斤×4 斤 = 4.8 元；色拉油 6.5 元/斤×3 斤 = 19.5 元；糖渣 4 元/斤×2.5 斤 = 10 元（外粘）；面干 1.2 元/斤×1 斤 = 1.2 元。

核算：两种面合计 57 元，出成品 170 个，成本为 0.34 元/个；每个生剂 0.14 斤。

售价：0.45 元/个。

电烤箱参考温度设在 180℃，烤 20min 即可。

十一、椒盐发面饼

椒盐发面饼

普面：富强粉 1.2 元/斤×10 斤＝12 元；发酵粉 14 元/斤×0.25 斤＝3.5 元；芝麻仁 8 元/斤×0.9 斤＝7.2 元。

酥面：富强粉 1.2 元/斤×4 斤＝4.8 元；色拉油 6.5 元/斤×3 斤＝19.5 元；花椒面 30 元/斤×0.04 斤＝1.2 元；盐 1 元/斤×0.14 斤＝0.14 元；面干 1.2 元/斤×1 斤＝1.2 元。

核算：两种面合计 49.54 元，出成品 92 个，成本为 0.54 元/个；每个生剂水面 0.28 斤。

售价：0.70 元/个。

电烤箱参考温度设在 180℃，烤 20min 即可。

十二、麻酱酥

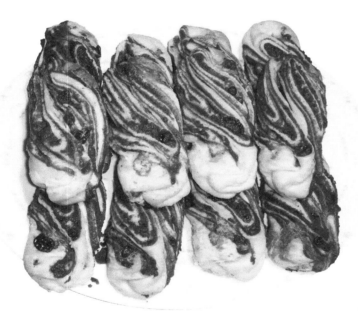

麻酱酥

皮面：富强粉 1.2 元/斤×5 斤＝6 元；色拉油 6.5 元/斤×1 斤＝6.5 元；用水 3.2 斤制成水面。

酥面：富强粉 1.2 元/斤×5 斤＝6 元；色拉油 6.5 元/斤×2.5 斤＝16.25 元；麻酱 8 元/斤×5 斤＝40 元；红糖 3 元/斤×5 斤＝15 元。

核算：两种面合计 89.75 元，出成品 150 个，成本为 0.6 元/个；每个生剂 0.14 斤。

售价：0.70 元/个。

电烤箱参考温度设定为 200℃，烤 30min 即可。

十三、螺丝转

螺丝转

主料：富强粉 1.2 元/斤 ×10 斤 = 12 元；发酵粉 14 元/斤 ×0.2 斤 = 2.8 元；

辅料：白糖 3 元/斤 ×1 斤 = 3 元；麻酱 8 元/斤 ×3 斤 = 24 元。

调料：精盐 1 元/斤 ×0.15 斤 = 0.15 元；花椒粉 30 元/斤 ×0.1 斤 = 3 元；色拉油 6.5 元/斤 ×0.5 斤 = 3.25 元。

核算：共计 48.2 元，出成品 125 个，成本为 0.39 元/个；每个水面 0.15 斤。

售价：0.50 元/个。

电饼铛参考温度设在 130℃ 。

～ 第三节　炒煮类主食制作与价格核算 ～

包括炒面、炒谷垒、馄饨、棒渣南瓜粥、机加工水饺、豆腐脑、炒饼、皮蛋瘦肉粥等。

一、炒面

制面：富强粉 1.2 元/斤 ×15 斤 = 18 元；加水 5 斤，制成机工面条。

配菜：圆白菜 1.0 元/斤 ×25 斤 = 25 元；色拉油 6.5 元/斤 ×4 斤 = 26 元；

炒面

老抽4元/斤×2斤＝8元；肥瘦肉馅10.5元/斤×2斤＝21元；净葱3元/斤×0.5斤＝1.5元；鲜姜3元/斤×0.5斤＝1.5元；蒜末8元/斤×1斤＝8元；盐1元/斤×0.2斤＝0.2元；味精14元/斤×0.05斤＝0.7元；西红柿2.0元/斤×1斤＝2.0元；青椒2元/斤×1斤＝2元。

核算：共计113.9元，出成品54斤（每0.1斤干面给0.3斤成品），成本为2.11元/斤。

售价：2.2元/斤。

机工面条

取富强粉按1∶0.3比例（即1斤面加3两水比例）将面和匀，上轧面机轧匀至面光滑细腻时掸淀粉薄面，轧面机装机刀将面轧出。

操作中的机工面条

二、炒谷垒

炒谷垒

主料：土豆 1.5 元/斤×10 斤＝15 元；去皮擦丝投净水控干；富强粉 1.2 元/斤×3 斤＝3.6 元；中细玉米面 1.2 元/斤×1 斤＝1.2 元。

调料：精盐 1 元/斤×0.08 斤＝0.08 元；拌匀后蒸熟；取色拉油、干辣椒、姜丝、蒜片、香葱、盐、鸡精等共计 5 元炒制而成。

核算：共计 24.88 元，出成品 12 份，成本为 2.1 元/份。

售价：2.5 元/份。

拌好面待蒸的谷垒半成品

三、馄饨

馄饨

制皮：富强粉1.2元/斤×6.7斤＝8.04元；雪花粉2元/斤×3.3斤＝6.6元；碱面2元/斤×0.02斤＝0.04元；盐1元/斤×0.02斤＝0.02元；鸡蛋（用蛋清）5元/斤×0.7斤＝3.5元；加水3.7斤制面轧皮；合计18.2元出1290个皮，每皮0.014元。

制馅：鲜肉馅（2肥8瘦）17元/斤×5.5斤＝93.5元；盐1元/斤×0.31斤＝0.31元；鲜姜3元/斤×0.1斤＝0.3元；鸡精14元/斤×0.05斤＝0.70元；葱2.5元/斤×0.1斤＝0.25元；香油14元/斤×0.1斤＝1.4元；打水3.8斤。合计96.46元出水馅10斤。

核算：共计114.66元，出成品1290个，成本为0.089元/个；每份馄饨

9 个 ×0.089 元/个 = 0.801 元；另加虾皮、冬菜、香菜、酱油、香油、鸡精、胡椒面等每份0.25 元，另加棒骨煮汤28 元平均每份0.2 元，每份馄饨1.25 元；每份馄饨给9 个用馅0.07 斤。

售价：1.30 元/份。

四、棒渣南瓜粥

棒渣南瓜粥

制作：玉米渣1.2 元/斤×8 斤 =9.6 元；南瓜3 元/斤×15 斤 =45 元；

核算：共计54.6 元，出成品100 份，成本为0.55 元/份。

售价：0.60 元/份。

售价随原料进价变动而变动，但配比和出成基本不变。

五、机加工水饺

机加工水饺

制面：富强粉 1.2 元/斤 × 10 斤 = 12 元；配水 3.8 斤；和成饺子面；另加面干 1.2 元/斤 × 2 斤 = 2.4 元。

制馅：鲜肉馅 10.5 元/斤 × 7 斤 = 73.5 元；脱水净菜 3 元/斤 × 7 斤 = 21 元；色拉油 6.5 元/斤 × 0.5 斤 = 3.25 元；香油 14 元/斤 × 0.1 斤 = 1.4 元；老抽 4 元/斤 × 0.5 斤 = 2 元；净葱 2.5 元/斤 × 1 斤 = 2.5 元；生姜 3 元/斤 × 0.4 斤 = 1.2 元；精盐 1 元/斤 × 0.5 斤 = 0.5 元；上述诸项合成 17 斤水馅。

核算：共计 119.75 元；水面比水馅约为 1∶1；出水饺 640 个；每两 6 个；成本为 1.2 元/两。

售价：1.30 元/两。

制作中的机加工水饺

六、豆腐脑

豆腐脑

制豆腐脑：黄豆 3.5 元/斤×9 斤=31.5 元（出豆浆 97 斤，出豆腐脑 76 斤）；内酯 14 元/斤×0.24 斤=3.36 元；合计 34.86 元；共出 76 斤，每份 0.65 斤，可出 117 份。每份纯豆腐脑 0.3 元。

制卤：肉馅 8.5 元/斤×1.2 斤=10.2 元；木耳 30 元/斤×0.2 斤=6 元；黄花 10 元/斤×0.8 斤=8 元；鸡蛋 5 元/斤×1 斤=5 元；生粉 10 元/斤×2 斤=20 元；老抽 4 元/斤×2 斤=8 元；色拉油 6.5 元/斤×0.5 斤=3.25 元；葱、姜、味精、盐、胡椒粉等调料 8 元；合计 68.45 元出 117 份，每份 0.59 元。

核算：每份豆腐脑 0.3 元 + 卤 0.59 元=0.89 元。

售价：1.0 元/份。

七、炒饼

炒饼

制饼：富强粉 1.2 元/斤×20 斤=24 元；加水 14 斤；用色拉油 6.5 元/斤×0.7 斤=4.55 元；饼烙好切丝备用。

炒饼：鲜肉馅 8.5 元/斤×2 斤=17 元；老抽 4 元/斤×1.5 斤=6 元；色拉油 6.5 元/斤×1 斤=6.5 元；醋 3 元/斤×0.8 斤=2.4 元；葱 2.5 元/斤×0.5 斤=1.25 元；鲜姜 3 元/斤×0.2 斤=0.6 元；圆白菜 1 元/斤×20 斤=20 元；盐 1 元/斤×0.03 斤=0.03 元；蒜末 8 元/斤×1 斤=8 元；味精 14 元/斤×0.05 斤=0.7 元。

核算：共计 91.03 元，出成品 55 斤，每斤成品 1.66 元。

售价：1.7 元/斤。

八、皮蛋瘦肉粥

皮蛋瘦肉粥

主料：江米3.5元/斤×5斤=17.5元；瘦肉14元/斤×0.5斤=7元；松花蛋8元/斤×1.5斤=12元；用水100斤。

调料：葱丝2.5元/斤×0.1斤=0.25元；鲜姜3元/斤×0.1斤=0.3元；味精14元/斤×0.05斤=0.7元；胡椒粉30元/斤×0.05斤=1.5元；精盐1元/斤×0.25斤=0.25元。

核算：共计39.5元，出成品55碗，成本为0.72元/碗。

售价：0.80元/碗。

第八章

企事业单位员工食堂
食品营养与食品健康

第一节　减少营养损失的烹调方式

　　烹调好的食物对人体健康有益，但食物在加工过程中，若不注意合理烹调，很多营养素会被破坏。为了让人们能从烹调好的食物中获得更多的营养，就应通过合理的烹调，尽量减少营养素的损失，以提高食物在人体的利用率，增进人体的健康。那么，日常生活中什么样的烹调方式丢失营养多呢？

一、主食烹调

　　1）米、面中的不溶性维生素和无机盐容易受到损失。如淘米时，随淘米次数、浸泡时间的增加，营养素的损失也会增加。

　　2）捞米饭：可使大量维生素、无机盐、碳水化合物甚至蛋白质溶于米汤中，如丢弃米汤不吃，就会造成营养流失。

　　3）熬粥、蒸馒头：加碱可使维生素 B1 和维生素 C 被破坏。

　　4）炸油条：因加碱和高温油炸，维生素 B2 和维生素 C 损失约 50%，维生素 B1 则几乎损失殆尽。

　　5）面条：捞面比吃汤面营养素损失多。

二、副食烹调

　　蔬菜含有丰富的水溶性 B 族维生素、维生素 C 和无机盐。不同的烹调加工方式对蔬菜营养有很大的影响。

1）凉拌：把嫩黄瓜切成薄片凉拌，放置 2h，维生素损失 33%～35%；放置 3h，损失 41%～49%。

2）蒸：既能保持食品的外形，又不破坏食品的风味，但会使部分维生素 B 遭受破坏。

3）炒：用急火快炒，高温除了使维生素 C 损失较大外，其他营养素均损失不大。若加水过多，大量的维生素溶于水里，不吃菜汤，维生素就会随之丢失。特别是把青菜煮一下再炒，维生素和无机盐的损失则更严重。炒菜时不应过早放盐，宜用淀粉勾芡，淀粉对维生素 C 有很好的保护作用。

4）煎炸：煎是用少量油快炸食品，如煎鸡蛋、煎虾饼等，因其时间短，营养素损失不大。炸是将食物放到大量的高温油中加热，时间长，所以营养均遭受重大损失，蛋白质也会因此变质而减少营养价值，脂肪也因此受破坏失去其功能，甚至产生妨碍维生素 A 吸收的物质。为了不使原料的蛋白质、维生素减少，挂糊油炸常作为最佳的补救措施。

5）煮：蔬菜与水一同加热后，蔬菜中的水溶性维生素、无机盐便会溶于水，使碳水化合物及蛋白质被部分水解。所以，人们在吃菜时最好连汤一起食用，或以鲜汤作为一些菜肴的调配料。煮菜汤时应水沸下菜，时间要短。煮骨头时应加些醋，使钙溶于汤中有利于人体吸收。

6）熏烤：食物直接在明火上烤，或利用烤箱烘烤，均会使维生素 A、维生素 B、维生素 C 受到破坏。肉、鱼熏烤后，其中脂肪的不完全燃烧及淀粉受热后的不完全分解可产生致癌物质，所以一般不应用明火直接熏烤。

7）烹调肉类食品，常用红烧、清炖、蒸、炸、快炒等方法。其中以红烧、清炖食物损失维生素 B1 最多，达 60%～65%。

因此，副食烹调时，应把良好的色、香、味、形与营养素的保存兼顾起来，以更好地发挥食物的保健作用。

第二节 烹调方法十不宜

一、烧肉不宜过早放盐

盐的主要成分氯化钠，易使肉中的蛋白质发生凝固，使肉块缩小，肉质变硬，且不易烧烂。

二、油锅不宜烧得过旺

经常食用烧得过旺的油炸菜，容易产生低酸胃或胃溃疡，如不及时治疗还会发生癌变。

三、肉、骨烧煮不宜加冷水

肉、骨中含有大量的蛋白质和脂肪，烧煮中突然加冷水，汤汁温度骤然下降，蛋白质与脂肪即会迅速凝固，肉、骨的空隙也会骤然收缩而不会变烂。肉、骨本身的鲜味也会受到影响。

四、黄豆不宜未煮透

黄豆中含有一种会妨碍人体中胰蛋白酶活动的物质。人们吃了未煮透的黄豆，对黄豆蛋白质难以消化和吸收，甚至会发生腹泻。而食用煮烂烧透的黄豆，则不会出问题。

五、炒鸡蛋不宜放味精

鸡蛋本身含有与味精相同的成分谷氨酸。因此，炒鸡蛋时没有必要再放味精，味精会破坏鸡蛋的天然鲜味，当然更是一种浪费。

六、酸碱食物不宜放味精

酸性食物放味精同时高温加热，味精（谷氨酸）会因失去水分而变成焦谷氨酸二钠，虽然无毒，却失去了鲜味。在碱性食物中，当溶液处于碱性条件下，味精会转变成谷氨酸二钠，是无鲜味的。

七、反复炸过的油不宜使用

反复炸过的油其热能的利用率，只有一般油脂的1/3左右。而食油中的不饱和脂肪经过加热，还会产生各种有害的聚合物，此物质可使人体生长停滞，肝脏肿大。另外，此种油中的维生素及脂肪酸均遭破坏。

八、冻肉不宜在高温下解冻

将冻肉放在火炉旁、沸水中解冻，由于肉组织中的水分不能迅速被细胞吸收而流出，因此不能恢复其原来的质量。遇高温，冻猪肉的表面还会结成硬膜，影响了肉内部温度的扩散，给细菌制造了繁殖的机会，肉也容易变坏。冻肉最好在常温下自然解冻。

九、茄子不宜去皮

维生素 P 是对人体很有用的一种维生素，在我国所有蔬菜中，茄子中所含有的维生素 P 最高。而茄子中维生素 P 最集中的地方是在其紫色表皮与肉质连接处，因此，食用茄子时不宜去皮。

十、铝铁炊具不宜混合

铝制品比铁制品软，如炒菜的锅是铁的，铲子是铝的，较软的铝铲就会很快被磨损而进入炒菜中，人食下过多的铝是对身体有害的。

第三节　蔬菜食疗口诀

要想健康身体好，蔬菜食疗要记牢。　养血平肝黄花菜，洋葱杀菌是良药。
海带含碘治甲亢，常吃菜花癌症少。　茄子祛风通脉络，黄瓜减肥美容貌。
芋头散结治淤肿，荸荠利咽热火消。　十月萝卜小人参，冬瓜消肿利水尿。
胡椒祛寒又暖湿，葱姜辣汤治感冒。　莴苣通乳利五脏，健脾益胃红辣椒。
心血管病食木耳，银杏强身又补脑。　止咳化痰胡萝卜，白菜宽胸疏肠道。
大蒜治疗肠胃炎，芹菜能治血压高。　香菇益寿抗癌症，蘑菇抑制癌细胞。
番茄富含维生素，韭菜补肾暖漆腰。　亭亭玉立荷莲藕，止血安神解酒妙。
蔬菜疗疾常食用，根据需要自己挑。　健康饮食人人爱，强身健体寿命高。

食品安全类试卷

食堂初级厨师食品加工、售卖安全考试试卷

姓名＿＿＿＿＿＿＿考试时间＿＿＿＿＿＿＿考试成绩＿＿＿＿＿＿

本试卷为填空式试卷，考题共有 25 个填空，每空 4 分；满分为 100 分。

1. 厨师在进入粗加工工作岗位后，首先应根据当日食谱与厨师长（班组长）安排对当日食谱所需原材料进行出库验货。厨师在验收肉、禽、鱼类原料时首先要通过感官检测所加工原料是否＿＿＿＿＿＿，并坚持对色泽＿＿＿＿＿＿、出现＿＿＿＿＿＿、感官异常、腐烂变质的肉、禽、鱼等原料＿＿＿＿＿＿加工。不加工来路不明的原材料。加工肉、禽、鱼类原料时要在分别专用加工区加工清洗。肉、禽、鱼类原材料加工前后均不得＿＿＿＿＿＿摆放。

2. 粗加工蔬菜必须按照一＿＿＿＿＿＿、二＿＿＿＿＿＿、三＿＿＿＿＿＿的工序操作，清洗时必须宽水洗菜，洗好的蔬菜必须无＿＿＿＿＿＿、无杂物、无虫蛹。不得裸地摆放。严禁加工＿＿＿＿＿＿变质蔬菜。

3. 洗切配好的菜品必须置于安全位置或用纱布苦盖，以防止异物掉入菜中造成＿＿＿＿＿＿危害。

4. 粗加工厨师工作时必须做到用具清洁，刀无＿＿＿＿＿＿迹，砧板＿＿＿＿＿＿光（光面、光边、光背）。并搞好粗加工区域卫生，保持设备完好，保证厨用具安全卫生。

5. 粗加工厨师在加工肉类、鱼类、禽类及蔬菜时，应分别在专用加工区进行加工。洗鱼池、洗肉池、洗菜池不得混用。对于冷冻肉、禽制品需解冻的必须在专用池内进行解冻。解冻温度应在自来水自然温度下正常解冻，一般为＿＿＿＿＿＿℃以下，严禁热水解冻（注：35℃以上为热水）。解冻后的食品原料禁止二次_____。

6. 厨师在粗加工工位工作时应严格执行一择、二洗、三切的蔬菜加工程序。粗加工土豆时应去_____剜_____，对已经出芽的土豆、鲜黄花菜、色彩鲜艳的蘑菇等禁止加工食用。

7. 粗加工洗菜水温度不得高于_____℃，以免烫熟表皮，达不到清洗目的。

8. 浆制滑炒类菜品需要的畜、禽类肉等须_____餐浆制，_____餐用完。禁止一浆多餐使用。

9. 粗加工区严禁使用_____菜盛放工具盛放粗加工制品，确保生熟分开。

10. 已盛装食品的_____不得直接置于地上，以防止食品污染。

11. 每餐开饭之前，窗口服务人员须提前_____min 进入岗位，并将卖饭专用饭夹、托盘等清洗检查干净后准备好。打菜人员将菜勺、量碗清洁后准备好。主副食厨师将制作好的食品用专用盛放工具提前 5min 放置于保温台上并采取保温措施加以保温。

12. 食品售卖中要着装整齐，文明用语，唱收唱付。并坚持用专用售饭_____售饭。售卖直接入口食物时，必须佩戴口罩。

13. 卖饭前检查售饭工具是否齐全有效，售饭夹等售卖直接入口食品专用工具必须经过_____并达到光、洁、涩、干。

食堂中、高级厨师食品加工、售卖安全考试试卷

姓名＿＿＿＿＿＿＿考试时间＿＿＿＿＿＿＿考试成绩＿＿＿＿＿＿＿

本试卷为填空式试卷，考题共有 25 个填空，每空 4 分；满分为 100 分。

1. 烹调加工厨师在烹调加工前必须检查经粗加工工序转来的粗加工产品，对粗加工不合格制品（如择洗不干净、异物异味、霉变腐烂、刀功太差等）坚决不＿＿＿＿＿＿＿。

2. 烹调厨师在烹调制品时必须确保熟制熟透，每菜必须达到中心温度并作记录。中心温度应为＿＿＿＿＿＿℃。

3. 烹调制品盛放要使用专用＿＿＿＿＿＿菜盛放工具，使用前须确保熟菜盛放工具光、洁、涩、干。

4. 盛放熟菜的专用工具在使用完毕后应清洗干净并＿＿＿＿＿＿于餐具保洁柜中，以免受到污染。

5. 所有烹调加工制品必须经过＿＿＿＿＿＿加工工序，严禁烹调加工来路不明食品。

6. 煎炸类制品在生环境下进行小块腌制，在煎、炸熟制过程中确保煎熟、炸透。禁止为单纯追求口感而制作＿＿＿＿＿＿熟或带＿＿＿＿＿＿筋制品。

7. 煎炸用油反复使用不得超过＿＿＿＿＿＿次。

8. 爆炒类制品要根据不同菜肴的具体情况进行操作，但要确保炒＿＿＿＿＿＿炒＿＿＿＿＿＿，禁止半生菜出锅。

9. 熘烩类菜肴要掌握荤素搭配的熟制程度，一般荤制品熟制时间较长，要确保熟透。同时汁芡也要充分熟透，打明油禁止用＿＿＿＿＿＿油。

10. 禁止烹调＿＿＿＿＿＿土豆和不去皮不剜芽眼的土豆。

11. 加工大块畜、禽肉或大块带骨制品时，一要使加工容器与加工物品相匹配；二要在中心温度达到 70℃ 以上时延长加工时间，以便于彻底煮＿＿＿＿＿＿煮＿＿＿＿＿＿。冷冻物品未经彻底解冻禁止熟制。

12. 主食制作厨师上岗前须认真检查工作台面及食品工具容器是否干净卫生，加工机械是否没有＿＿＿＿＿＿、安全有效。确保所有加工器械干净整洁，没有异物。

13. 主食制作前要先检查所用原料是否新鲜＿＿＿＿＿＿，严禁加工霉变、结块、有杂物、有异味和来路不明的粮食。

14. 主食制成后，要先检查盛放主食的专用容器是否洁净，禁止将主食成

品置放于_____专用容器内。

15．主食加工过程中要确保加工环境干净整洁，以防止异物掉入主食中造成物理伤害。主食加工区禁止使用百洁布、_____球等容易造成物理伤害的保洁工具。

16．所有米、面食物在熟制过程中要确保熟制熟透，米饭不夹生，面食不粘心。中心温度必须在_____℃以上。

17．食品售卖中要_____整齐，文明用语，唱收唱付。并坚持用专用售饭_____售饭。售卖直接入口食物时，必须佩戴口罩。

18．卖饭前检查售饭工具是否齐全有效，售饭夹等售卖直接入口食品专用工具必须经过消毒并达到_____、_____、涩、干。专用工具应当定位放置，货款分开，防止污染。

19．卖饭前二次监督所有直接入口食品是否使用熟食专用工具，对未能使用熟食专用_____的直接入口食品，拒绝售卖。

20．售饭厅禁止非工作人员进入。售出饭菜一律_____不换。

食堂采购员食品安全采购考试试卷

姓名＿＿＿＿＿＿考试时间＿＿＿＿＿＿考试成绩＿＿＿＿＿＿

本试卷分为填空和选择两部分，其中填空 18 个，每空 5 分；选择 2 道题，每题 5 分；两项合计满分为 100 分。

一、填空（每空 5 分，共 90 分）

1. 采购员须依据＿＿＿＿＿＿领导批准的各班组根据食谱填报的要货申请单采购货物。

2. 采购员采购食品及原料应当按照国家有关规定＿＿＿＿＿＿检验合格证或者化验单，并且建档保存，留有记录。对散装货物不能提供合格证或者化验单的除对食品及原料进行感官性状鉴别外，还要索取供应商的＿＿＿＿＿＿证及经营许可证的复印件及所购货物的小票（便于溯源）。并将上述票证交库管员验货校对保存。对市场准入食品要认清标志方可购买。

3. 采购员购回货物后，须交库管员验货检斤，同时还要提供＿＿＿＿＿＿票证。库管员签收货物后，采购员凭发票及库管员开具的货物验收单交领导＿＿＿＿＿＿后交财务报账。

4. 采购员采购货物时严禁采购下列食品及原料：

（1）＿＿＿＿＿＿变质、油脂酸败、霉变、生虫、＿＿＿＿＿＿不洁、混有＿＿＿＿＿＿或者其他感官性状异常，可能对人体健康有害的。

（2）含有＿＿＿＿＿＿寄生虫、微生物的，或者微生物毒素含量超过国家限定标准的。

（3）未经兽医卫生检验或者检验不合格的＿＿＿＿＿＿及其制品。

（4）病死、＿＿＿＿＿＿死或者死因不明的禽、畜、兽、水产动物及其制品。

（5）有毒、有害物质或者被有毒、有害物质污染，可能对人体健康有＿＿＿＿＿＿的。

（6）容器包装污秽不洁、严重破损或者运输工具不洁造成＿＿＿＿＿＿的。

（7）掺＿＿＿＿＿＿、掺杂、伪造，影响卫生的。

（8）用非食品原料加工的，加入非食品用化学物质的或者将非食品当做＿＿＿＿＿＿的。

（9）超过＿＿＿＿＿＿期限的。

（10）为防病等特殊需要，国务院卫生行政部门或者省、自治区、直辖市人民政府专门禁止_____的。

（11）含有未经国务院卫生行政部门批准使用的添加剂的，或者_____残留超过国家规定允许量的。

二、单项选择题（每题 5 分，共 10 分）

1. 采购员采购货物须使用：（　　　）

    A. 专用食品采购车   B. 货运汽车

    C. 客运汽车   D. 绿色环保车

2. 对采购直接入口的食物：（　　　）

    A. 要做到先尝后买   B. 要注重包装颜色

    C. 必须到超市购买   D. 必须做好密闭防尘工作

食堂库房管理员安全管理考试试卷

姓名＿＿＿＿＿＿＿考试时间＿＿＿＿＿＿＿考试成绩＿＿＿＿＿＿＿

本试卷为填空式试卷，考题共有 20 个填空，每空 5 分；满分为 100 分。

1. 库管员在接受采购供货时必须履行＿＿＿＿＿＿验货，查验该批次食品的卫生检验检疫＿＿＿＿＿＿或化验单（检疫票由采购员签字，库管员保存）。检查食品标志是否符合《中华人民共和国食品卫生法》的规定等程序。对于散装货物要通过感官检查食品的色泽、气味和外观有无异常，并索要供货小票和供应商商品流通许可证与经营许可证复印件存档备案。凡是不合格的食品及原材料库管员有权拒收。

2. 库管员在验收货物时对验收食品用的工具要做到＿＿＿＿＿＿分开，并登记所收货物的采购日期、供货单位、生产厂名、保质期限等，并按进货日期分类编号，按类别存档备查。对大宗货物要在包装箱上标明进货＿＿＿＿＿＿。并且认真遵循先进先出的原则。

3. 库管员工作时须认真执行食品及原材料的出入库检验制度，做到＿＿＿＿＿＿清楚，领物签字，日清月结，＿＿＿＿＿＿相符。

4. 贮存食品及食品原料的库房、设备应当保持清洁，无霉斑、＿＿＿＿＿＿迹、苍蝇、蟑螂。库房及贮存食品的设备内不得存放有毒、有害物品（如杀鼠剂、杀虫剂、洗涤剂、消毒剂等）以及＿＿＿＿＿＿生活用品。

5. 食品储存须做到：不同类别的食品分库或分架存放，库房内备有相应的货架和货垫，食品外包装完整，无积尘。码放整齐，隔墙离地＿＿＿＿＿＿cm 以上，对所进整包装货物，要在货箱上标明＿＿＿＿＿＿日期便于检查清点，便于先进先出。对所有带标签整装制品一要贴好标签，二要码放整齐，三要看好保质期，库房内不得存有过期食品。

6. 库房内食品的冷藏、冷冻贮藏温度应分别符合冷藏和冷冻温度范围要求。冷藏温度为＿＿＿＿＿＿，最佳冷藏温度 4℃。冷冻温度规定要求＿＿＿＿＿＿。

7. 食品冷藏、冷冻贮藏应做到原料、半成品、成品严格分开，不得在同一冰室内存放。食品在冷藏、冷冻柜（库）内贮藏时，应做到植物性食品、动物性食品和水产品＿＿＿＿＿＿码放。不得将食品堆积、挤压存放。

8. 蛋品入库时必须库外＿＿＿＿＿＿箱并索要蛋品检疫票及经营蛋品流通许可证。要了解蛋品产地，凡来自疫区的禽蛋产品一律拒收。

9. 对调味品入库检验必须查验市场_____标志，对未加市场准入标志的和散装调料一要索要经销商_____许可证和经营许可证复印件，二要通过感官目测、闻、尝等手段鉴别真伪，凡不合格调味品一律拒收。同时对散装调味品要一次少进，罐装加盖，用完再买，不要积压。

10. 对米、面、杂粮类物品一要查验标志厂牌（应尽量选择大厂名牌产品），二要感官目测，三要不搞积压。入库保存要隔_____离_____，码放整齐，保证通风，防止霉变。食油制品每次进货要记明批次，避_____保存，名品明货，杜绝积压。

11. 库管员应保持所管库房：环境_____清洁，设备设施有效，库内干净整洁，库房管理有序。

食品营养综合类试卷

姓名_____考试时间_____考试成绩_____

本试卷分为填空和简答两部分，其中填空 16 个，每空 5 分；简答 2 道题，每题 10 分；两项合计满分为 100 分。

一、填空（每空 5 分，共 80 分）

1. 烧肉不宜过早放盐：盐的主要成分氯化钠，易使肉中的蛋白质发生_____，使肉块缩小，肉质变_____，且不易烧烂。

2. 油锅不宜烧得过旺：经常食用烧得_____的油炸菜，容易产生低酸胃或胃溃疡，如不及时治疗还会发生_____变。

3. 肉、骨烧煮忌加_____水：肉、骨中含有大量的蛋白质和脂肪，烧煮中突然加冷水，汤汁温度骤然下降，蛋白质与脂肪即会迅速凝固，肉、骨的空隙也会骤然收缩而不会变烂。肉、骨本身的_____味也会受到影响。

4. 未煮透的黄豆不宜吃：黄豆中含有一种会妨碍人体中胰蛋白酶活动的物质。人们吃了_____煮透的黄豆，对黄豆蛋白质难以消化和吸收，甚至会发生_____。而食用煮烂烧透的黄豆，则不会出问题。

5. 烧鸡蛋不宜放味精：鸡蛋本身含有与味精相同的成分谷氨酸。因此，炒鸡蛋时没有必要再放_____，味精会破坏鸡蛋的天然鲜味，当然更是一种浪费。

6. 酸碱食物不宜放味精：酸性食物放味精同时高温加热，味精（谷氨酸）会因失去水分而变成焦谷氨酸二钠，虽然无毒，却失去了_____味。在碱性食物中，当溶液处于碱性条件下，味精（谷氨酸钠）会转变成谷氨酸二钠，是无鲜味的。

7. 主食烹调：米、面中的不溶性维生素和无机盐容易受到损失。如淘米时，随淘米次数、浸泡_____的增加，营养素的损失也会增加。

8. 捞米饭：可使大量维生素、无机盐、碳水化合物甚至_____溶于米汤中，如丢弃米汤不吃，就会造成营养损失。

9. 熬粥、蒸馒头：加碱可使维生素 B1 和维生素 C 被_____。

10. 炸油条：因加碱和高温油炸，维生素 B2 和维生素 C 损失约 50%，维生素 B1 则几乎_____殆尽。

11. 面条：捞面比吃汤面营养素损失_____。

12. 炒菜：用急火快炒，高温除了使维生素 C 损失较大外，其他营养素均损失不大。若加水过多，大量的维生素溶于水里，不吃菜汤，维生素就会随之丢失。特别是把青菜煮一下再炒，维生素和无机盐的损失则更严重。炒菜时不应过_____放盐，宜用淀粉勾芡，淀粉对维生素 C 有很好的保护作用。

二、简答题（每题 10 分，共 20 分）

1. 简述食物中毒的五种分类。

2. 简述食物被细菌污染的主要原因。

机电安全类试卷

本试卷分为填空和多选两部分，其中填空 20 个，每空 4 分；多选 4 道题，每题 5 分；两项合计满分为 100 分。

一、填空题（每空 5 分，共 80 分）

1. 使用机器设备前应先检查_____、插座、机件等是否_____有效，如有问题，停止操作，及时报修。

2. 使用绞肉机时如发现肉块停在进料口时，切不可用_____去捅，应用_____按塞一下，如有卡壳现象，应迅速按动红色按钮停机，排除故障后，方可继续使用。注意：排除故障时必须拉闸断电，以防不测。

3. 操作机械设备时应精神集中，严禁_____、聊天、_____。

4. 机器设备使用完毕后须立即_____断电，下班前必须检查电源电闸是否_____。

5. 机器设备用完后，在切断_____的情况下，将机器清洗干净，电器部分严禁_____、浸水。

6. 机器运转时严禁_____和其他_____进入料斗内操作，以免发生危险。

7. 操作机器时，必须穿戴好工作服帽，机器运转时，严禁伸手动用_____内物品，以免发生_____。

8. 操作机器时，要严格按照使用说明书的规定进行_____操作，禁止不懂者、不会者使用，严禁_____操作。

9. 使用或清理保温售饭车、更换水槽内水时，千万注意不要_____、_____加热槽内的电加热元件。

10. 食品专用电梯是装运_____的电梯，严禁运载其他杂物和_____。

二、多项选择题（每题 5 分，共 20 分）

1. 操作燃气设备时须严格执行"火等气"的原则，因为：（　　　）

　　A. 方便点火　　　　　　B. 以防爆燃

　　C. 操作习惯　　　　　　D. 设备特点

2. 操作机械设备为什么要按照操作规程进行操作？（　　　　）

    A. 单位要求   B. 设备要求

    C. 安全需要   D. 自我保护

3. 使用电器设备必须遵守的规定是（　　　　）

    A. 严禁湿手触摸电器   B. 搞卫生时严禁用水冲刷电器

    C. 严禁聊天、戏耍打闹   D. 严禁说话

4. 使用装填料斗的机械设备时，为什么不能用手伸入料斗？（　　　　）

    A. 观之不雅   B. 效率太低

    C. 容易伤手   D. 违章操作